高等职业教育"十四五"通识课系列教材

劳动教育

主 编 吴 芳 雷晓燕 车延年

副主编 张博萍 袁涤繁 吴亚坤 刘晓蓉

黄利平 胡晓迪 张 鸿

主 审 管 军

中国建筑工业出版社

前　言

　　劳动是创造物质财富和精神财富的过程，是人类特有的基本社会实践活动。劳动教育是发挥劳动的育人功能，对学生进行热爱劳动、热爱劳动人民的教育活动。党的十八大以来，党中央立足新时代的历史方位，对劳动和劳动教育作出一系列重要论述。2018年，全国教育大会提出构建德智体美劳全面培养的教育体系，要求把劳动教育纳入培养社会主义建设者和接班人的总体要求之中。2020年3月20日，中共中央、国务院颁布了《关于全面加强新时代大中小学劳动教育的意见》，指出劳动教育是中国特色社会主义制度的重要内容，直接决定社会主义建设者和接班人的劳动精神面貌、劳动价值取向和劳动技能水平，提出全面构建体现时代特征的劳动教育体系。为深入贯彻落实全国教育大会精神，把劳动教育纳入人才培养全过程，与专业学习相结合，与社会生活相结合，提升学生的专业劳动技能、生活劳动素养，切实加强学生劳动教育，特编写本教材。

　　本教材在编写过程中对框架设计、内容选取均进行了充分的考量，紧密结合学生的学习规律和专业特点，全书共七章，编写组分工如下：第一章由吴芳编写，第二章由胡晓迪、黄利平、袁涤繁编写，第三章由袁涤繁、吴亚坤编写，第四章由张鸿、刘晓蓉编写，第五章由吴芳编写，第六章和第七章由张博萍编写。吴芳、雷晓燕、车延年负责本教材统稿和校对。本教材编委为：胡苏姝、尹宁宜、吴杨、魏婷、余晓梅、樊人竞、李佳、江雪齐、苗元菡、罗佳、霍小峰、卢保婷、陈贤艮、邹兴慧。徐伟老师和杨金融、陈龙、张翼三位同学为本书提供了插图。教材主要内容有：绪论、劳动精神、劳动安全与劳动法规、劳动与就业、生活劳动、生产劳动、服务性劳动。在编写体例上，本教材注重图文并茂，并设置了知识导览、知识拓展、实践任务安排等板块，其中知识拓展板块搜集了大量具有代表性的案例，以生动的方式阐述主题，提高了趣味性和针对性；实践任务安排板块突出培养高素质技术技能型人才这一特点，将理论探讨和实践操作紧密结合，将学生在未来实习实训、生产实践、社会生活过程中所涉及的领域尽可能涵盖其中。此外，本教材还增设了二维码链接，以编写组老师自制课程微视频的形式向读者呈现知识点。本教材内容新颖、材料翔实、结构严谨，既适用于高职院校劳动教育教学，也可作为广大社会读者和企业职工劳动素养提升和劳动技能基础知识的培训材料使用。

本教材在编写过程中，参考并借鉴了有关专家、学者的研究成果，在此一并表示感谢。本教材在出版过程中得到了重庆建筑工程职业学院领导和中国建筑工业出版社编辑老师们的支持和帮助，在此表示衷心的感谢。限于编者水平，本教材难免存在疏漏和不当之处，敬请广大读者批评指正，以便不断改进我们的工作。

编者

目　录

第一章
绪 论

引导语

人民创造历史，劳动开创未来。劳动是推动人类社会进步的根本力量。

知识导览

$$
绪论
\begin{cases}
劳动与劳动教育
\begin{cases}
劳动概述 \\
劳动教育概述
\end{cases} \\[2ex]
新时代大学生劳动教育的内容
\begin{cases}
劳动观念教育 \\
劳动能力培养 \\
劳动习惯养成
\end{cases} \\[3ex]
新时代大学生劳动教育的时代价值
\begin{cases}
是建设创新型国家的题中应有之义 \\
是推进高等教育自我革命的内在要求 \\
是实现自由全面发展的根本途径
\end{cases}
\end{cases}
$$

第一节　劳动与劳动教育

一、劳动概述

（一）劳动的概念

认识和理解劳动的概念，先从"劳"和"动"开始。"劳"字始见于甲骨文，本义是费力、劳苦，引申为疲劳、劳累、功劳。《诗经·邶风·凯风》提出的"棘心夭夭，母氏劬劳"①泛指一般的劳动、烦劳。《左传·僖公三十二年》提到"师劳力竭，远主备之，无乃不可乎？"②这里的劳就是劳累。"动"指改变原来的位置或状态。《礼记·月令》指出"仲春，蛰虫咸动。"《孟子·滕文公上》中"劳心者治人，劳力者治于人"③的劳有使劳作之意。可见，"劳动"一词是从古代"劳""动"中引申而来，最终演变为操作、活动之意。

马克思主义认为，"劳动是人类在生产实践中与自然之间进行物质交换的活动，在这一过程中充当人类与自然相互联系的媒介。"④在《中国大百科全书·哲学卷》中，劳动是"人类特有的基本的社会实践活动，也是人类通过有目的的活动改造自然并在这一活动中改造人自身的过程"。在本书中，劳动是指人们运用一定的生产工具，作用于劳动对象，创造物质财富和精神财富的有目的的活动。

（二）树立正确的劳动观

教育要引导学生崇尚劳动、尊重劳动，懂得劳动最光荣、劳动最崇高、劳动最伟大、劳动最美丽的道理，长大后能够辛勤劳动、诚实劳动、创造性劳动。

1. 马克思主义劳动观

劳动是马克思历史唯物主义的逻辑起点，是马克思主义理论研究的基础。马克思主义认为劳动是人的本质，提出人类历史是以人的物质劳动作为载体的历史，人的本质是一切社会关系的总和。马克思和恩格斯以劳动为出发点和主线，提出了劳动在人和人类社会产生与发展过程中处于关键性地位，这使得劳动不仅是把握历史唯物主义的钥匙，更成为历史唯物主义得以建构的根本出发点和落脚点之一。具体来看，在历史唯物主义的语境中，马克思对人类劳动的基本价值进行的分析主要表现为劳动创造人本身、劳动创造世界、劳动创造历史这三大主张。

劳动创造人本身。马克思在《1844 年经济学哲学手稿》中指出："劳动是人在外化范围之内的或者作为外化的人的自为的生成。"马克思指出，劳动不仅创造出人类的物质世界和社会历史，同时也创造了人类自己。《资本论》中提到："劳动首先是人与自然之间的过程，是人以自身的活动引起、调整和控制人和自然之间的物质变换过程。"这是由于为了能够在对自身生活有用的形式上占有自然物质，人类必须使得他自身的自然力——四肢和头脑运动起来，而当人类通过这种运动作用于

---

① 陈子展，撰述.诗经直解 [M]. 上海：复旦大学出版社，1983.
② 赵捷，赵英丽，注译.左传 [M]. 武汉：崇文书局，2007.
③ 王金芳.孟子 [M]. 北京：金盾出版社，2009.
④ 马克思.资本论（第一卷）[M]. 北京：人民出版社，2004：207.

他身外的自然并改变自然时，也就同时改变了他自身所处的社会生活及人类本身。劳动的过程，就是改造客观对象世界的过程。"人类通过劳动摆脱了最初的动物状态"，因此，劳动是整个人类生活的第一个基本条件，而且达到这样的程度，以致我们在某种意义上不得不说："劳动创造了人本身"。对此，恩格斯在《自然辩证法》一书中依据当时的科学研究成果，从人类起源的意义上论证了劳动在从猿到人的转变过程中具有决定性作用。这种决定性作用主要体现在两个方面：不仅在人类的起源意义上，是劳动创造了人本身，而且在人类的进化意义上，也是劳动创造了人本身。人既具有自然属性，又具有社会属性，是自然存在和社会存在的有机统一体。社会存在的属性证明着人的存在价值，而劳动就是人从自然存在转化为社会存在的基础和中介，劳动使人从自然界中分离出来。马克思认为，整个所谓世界历史不外是人通过人的劳动而产生的。劳动使人生存于社会之中，劳动是现实的人的对象性活动，劳动不仅生产出物质生活资料，在物质生活资料的生产过程中还创造出社会关系与人自身。

劳动创造世界。马克思认为，构成人类赖以存在的现实世界的关键要素之一正是人的劳动，而且这种劳动并不是抽象层面的劳动，而是现实生活中的人的感性物质劳动，即作为人类实践活动最基本形式的"生产劳动"。马克思认为，这是区分人与动物的关键。"当人开始生产自己的生活资料，即迈出由他们的肉体组织所决定的这一步的时候，人本身就开始把自己和动物区别开来。人们生产自己的生活资料，同时间接地生产着自己的物质生活本身。"从这里可以看出，人类的生产劳动都是有意识、有目的的活动，其试图创造出一个可以满足人类生活需要的物质世界。也正是通过劳动，人类和外部世界的关系才发生了根本性的转变，原先自在意义的自然世界逐渐成为自为意义的人类世界。在这一世界中，关键性的问题不再是通过劳动来解释，而在于改变或改造世界。作为人类最基本实践活动形式的劳动，也不再只是单纯地依靠人的感性活动，而是将感性活动转变为人的现实社会活动。由此，马克思正式揭示了劳动的社会规定性，并从人与人的社会关系层面来理解和把握劳动。

劳动创造历史。"人们为了能够创造历史，必须能够生活。但是为了生活，首先就需要吃、喝、住、穿以及其他一些东西。因此，第一个历史活动就是生产满足这些需要的资料，即生产物质生活本身，而且这是人们从几千年前直到今天单是为了维持生活就必须每日每时从事的历史活动，是一切历史的基本条件。"在马克思看来，只有人类的生产劳动才真正构成了人类历史的基础，才是解开人类历史发展秘密的钥匙。这表明只有立足于生产劳动才能真正理解人类历史的发展，只有劳动人民才是历史的创造者，而人类创造历史的行动蕴含在日常生产劳动之中。马克思由此批判了各种独立于人的生产劳动之外的唯心主义历史观，并将劳动看作建立历史唯物主义的基石，人类历史发展的一切现实性都离不开人的劳动过程。对于马克思的这一伟大发现，恩格斯曾经鲜明地指出："历史破天荒被置于它的真正基础上：一个很明显的而以前完全被人忽略的事实，即人们首先必须吃、喝、住、穿，就是说首先必须劳动，然后才能争取统治，从事政治、宗教和哲学等，这一很明显的事实在历史上的应有之义此时终于获得了承认"。总的来看，在马克思的历史唯物主义中，劳动被看作"一切历史的基本条件"和"人类的第一个历史性活动"，其既是人类历史发展的事实起点，亦是整个历史唯物主义建构的逻辑起点。马克思正是通过劳动来揭示物质资料生产的作用，发现了人类社会关系发展的客观规律性，并由此肯定了人的主体地位，继而发现劳动人民在历史发展中的伟大作用。而这正是马克思全面建立历史唯物主义的两个理论准备。

总之，以劳动创造人本身、劳动创造世界、劳动创造历史为主要内容的马克思主义劳动观，是劳动教育的最深层次的理论根基，蕴含着"劳动最光荣、劳动最崇高、劳动最伟大、劳动最美丽"的劳动价值观。劳动教育是"造就全面发展的人的唯一方法"和"防止一切社会病毒的伟大的消毒剂"。劳动教育在实现人的自由全面发展过程中具有工具价值，根本原因在于它与人类劳动过程中劳动解放的根本目标相一致。因此，只有从马克思主义劳动观出发，才能深刻理解劳动教育的内在逻辑，充分发挥劳动教育在培养社会主义建设者和接班人中的重要作用，在全社会形成崇尚劳动、尊重劳动的社会风尚，激发人们诚实劳动、勤勉劳动的内在热情和劳动品质。

2. 中国共产党人的劳动观

马克思主义劳动观与新中国建设的实践相结合，形成了一系列马克思主义劳动观中国化的理论成果。新中国成立以来，从对社会主义劳动发展规律的积极探索，到对社会主义劳动观的丰富发展，中国共产党人的科学劳动观在实践探索中逐步完善，形成了深厚的理论基础。概括而言，中国共产党人的劳动观主要表现在以下几个方面：

重视劳动的重要作用。新中国成立后，中国共产党人主张体力劳动者与脑力劳动者相结合，并将教育结合劳动列为一个基本原则，高度重视农业、工业等领域的生产劳动，指出"如果我们在生产工作上无知，不能很快地学会生产工作，不能使生产事业尽可能迅速地恢复和发展，获得确实的成绩，……那我们就不能维持政权，我们就会站不住脚，我们就会要失败。"① 将其视为巩固国家政权的根本途径。党的十一届三中全会后，中国共产党人提出了鼓励劳动致富、实现共同富裕这一劳动思想，将劳动视作发展社会主义经济、实现"四个现代化"这一伟大工程的重要途径，提出"为了创造社会主义的幸福生活，没有极艰苦的劳动，是不可能的"②，并鼓励一部分人通过"合法经营、诚实劳动"先富起来，以先富带动后富。党的十六大报告创造性地提出了"尊重劳动、尊重知识、尊重人才、尊重创造的重大方针"③，将"尊重劳动"列为"四个尊重"之首，是实现尊重知识、人才和创造的前提和基础。其后，中国共产党人确立了"以辛勤劳动为荣，以好逸恶劳为耻"④ 的劳动理念，使劳动光荣、劳动神圣成为社会的价值共识。进入新时代以来，党和国家多次高扬劳动价值，并将劳动与国家的前途命运紧紧结合起来，提出"以劳动托起中国梦"的奋进口号，这与中国共产党人的劳动观是一脉相承的。

尊重劳动者的主体地位，保障劳动者的合法权益。中国共产党历代领导人对劳动者角色定位、权益保障等方面有重要论述：《更宜注意的问题》一文中提及要注重保障劳动者的生存权、劳动权与劳动全收权；将维护广大劳动群众的根本利益作为一切问题的出发点和落脚点，着重指出"工会要努力保障工人的福利""工会要为工人的民主权利奋斗"⑤ 等，大大增加了劳动者的劳动幸福感；充分认识到劳动者的主体地位，提出"保障工人阶级和广大劳动群众的经济、政治、文化权益，是党和国家一切工作的根本基点"⑥，为党各项工作的开展指明了方向；在此基础上进一步将保障劳动群众各项权益定义为"社会主义制度的根本要求，是党和国家的神圣职责"⑦。以上论述为"坚持劳动者的主体地位"这一思想的形成和发展奠定了基础。

坚持劳动教育与德育、智育、体育、美育并举。在人才培养方面，党中央提出坚持教育与生产劳动相结合的方针，提出了"知识分子劳动化，劳动人民知识化"⑧ 的要求。为实现这一目标，"我们的教育方针，应该使受教育者在德育、智育、体育几方面都得到发展，成为有社会主义觉悟的有文化的劳动者。"1978 年，

---

① 毛泽东.毛泽东选集：第 4 卷 [M].北京：人民出版社，1991：1428.
② 邓小平.邓小平文选：第 1 卷 [M].北京：人民出版社，1994：276.
③ 中共中央文献研究室.十六大以来重要文献选编（下）[M].北京：中共中央文献出版社，2008：947.
④ 胡锦涛.胡锦涛文选：第 2 卷 [M].北京：人民出版社，2016：430.
⑤ 邓小平.邓小平文选：第 2 卷 [M].北京：人民出版社，1994：137.
⑥ 江泽民.江泽民文选：第 3 卷 [M].北京：人民出版社，2006：245.
⑦ 胡锦涛.胡锦涛文选：第 3 卷 [M].北京：人民出版社，2016：369.
⑧ 中共中央文献研究室.建国以来重要文献选编（第十九册）[M].北京：中央文献出版社，1998：514.

全国教育工作会议指出教育与生产劳动相结合是"培养理论与实际结合、学用一致、全面发展的新人的根本途径，是逐步消灭脑力劳动和体力劳动差别的重要措施。"[1]党中央高度重视创新能力与实践能力，1993 年中共中央、国务院发布的《中国教育改革和发展纲要》指出："各级各类学校都要把劳动教育列入教学计划，逐步做到制度化、系列化。"[2]2010 年，全国教育工作会议提出"丰富社会实践，加强劳动教育，着力提高学习能力、实践能力、创新能力，提高综合素质。"[3]在此基础上，近年来我们明确提出要构建德智体美劳全面培养的教育体系，将劳动教育纳入社会主义建设者和接班人的培养要求之中，为新时代营造崇尚劳动、尊重劳动的良好氛围提供了重要遵循。

二、劳动教育概述

（一）劳动教育的概念

《辞海》（1999 年版缩印本，上海辞书出版社，2000）解释劳动教育是"对学生进行热爱劳动和劳动人民、珍惜劳动成果、树立正确的劳动观点和劳动态度、通过日常生活培养劳动习惯和技能的教育活动"。《教育大辞典》（增订合编本，上海教育出版社，1989）中写道："劳动教育是劳动、生产、技术和劳动素养方面的教育。"《新时期新名词大辞典》指出："劳动教育要求学生树立正确的劳动观和劳动态度，爱劳动和劳动人民，掌握必需的劳动知识和技能，养成爱劳动的习惯。"[4]著名教育家陶行知认为，"劳动教育是青少年手脑发展的重要途径，通过劳动，青少年获得对事物的真知，感受劳动人民辛勤工作的诚恳品质，增强对劳动和劳动者的认同感"[5]。劳动教育是指教育者有目的、系统地对受教育者进行劳动知识讲授、劳动能力培养、劳动精神培养和劳动习惯培养等的教育活动，促使学生形成劳动价值观，养成良好的劳动素养，掌握现代生产的劳动技能，提高劳动质量。

（二）中华人民共和国成立以来劳动教育的发展脉络

1. 初步探索阶段

1949 年 9 月通过的《中国人民政治协商会议共同纲领》"提倡爱祖国、爱人民、

---

① 邓小平. 邓小平文选：第 2 卷 [M]. 北京：人民出版社，1994：107.
② 中共中央文献研究室. 十四大以来重要文献选编（上）[M]. 北京：中央文献出版社，1996：80.
③ 胡锦涛. 在全国教育工作会议上的讲话 [M]. 北京：人民出版社，2010：14.
④ 马国泉，张品兴，等. 新时期新名词大辞典 [M]. 北京：中国广播电视出版社，1992：801.
⑤ 刘猛. 劳动教育：从陶行知到毛泽东 [J]. 江苏教育学报，2018（10）：21.

爱劳动、爱科学、爱护公共财物为中华人民共和国全体国民的公德"，将劳动规定为公民需要遵守的基本公德。同年12月，教育部在北京召开第一次全国教育工作会议，提出了"坚持教育为工农服务，为生产建设服务"的方针。1954年通过的《中华人民共和国宪法》（简称《宪法》）对劳动进行专门的规定："劳动是中华人民共和国一切有劳动能力的公民的光荣的事情。国家鼓励公民在劳动中的积极性和创造性"，将劳动写入《宪法》。1954年5月，中共中央宣传部出台了《关于高小和初中毕业生从事生产劳动的宣传提纲》，指明了体力劳动与脑力劳动的关系，提出体力劳动是脑力劳动的基础，要教育青年一代养成积极劳动的美德。本着把劳动教育纳入课堂教学体系，给学生教授基础劳动知识的方针，1955年教育部制定了《小学教学计划》，要求一到六年级增加"手工劳动"课程，使学生获得一些基本的生产知识，学会使用一些简单的生产工具。这一阶段的劳动教育是与社会主义经济发展紧密联系的，劳动教育课程内容丰富，主要由教师讲授，结合生产实践、工厂实习，以学习生产技术为主，以手工技术活动、社会服务活动为辅，而劳作课主要在学校附近的农场进行操作，目的是培养和锻炼学生的实践能力和意志力。

2. 曲折发展阶段

1958年9月，中共中央、国务院出台了《关于教育工作的指示》（以下简称《指示》），首次提出劳动观的概念与内涵，明确地将教育与生产劳动相结合作为党的教育方针的重要内容，指出："党的教育方针是教育为无产阶级的政治服务，教育与生产劳动相结合。"《指示》还明确规定了"在一切学校中，必须把生产劳动列为正式课程。每个学生必须依照规定参加一定时间的劳动"。而且在课程设置上强调学生实践能力的重要性，注重与农业、工业生产技术相结合，推行勤工俭学与半工半读的教育形式。自此，劳动教育在我国推广开来。在《指示》精神的指引下，各地开始有序地实施教育与生产劳动相结合的方针。1961年9月颁布的《中华人民共和国教育部直属高等学校暂行工作条例（草案）》总结了经验教训，纠正了高校教育出现的问题，规定了高等学校必须以教学为主的原则，应努力提高教学质量。1966—1976年，我国的劳动教育几乎处于停滞状态。

3. 创新发展阶段

1978年3月5日颁布的《中华人民共和国宪法》规定："教育必须为无产阶级政治服务，同生产劳动相结合，使受教育者在德育、智育、体育几方面都得到发展，成为有社会主义觉悟的有文化的劳动者。"其将劳动教育提升至与德育、智育、体育同等重要的位置，也体现出劳动教育不再是简单的体力劳动和生产劳动。1990年，《国家教委关于进一步加强中小学德育工作的几点意见》指出："劳动和社会实践教育既是德育的重要内容，又是德育的重要手段。"该文件对劳动教育进行了更为全面、详细的规定，既把劳动教育归入德育范畴，又规定了中小学劳动教育的目标、内容、时间与方法。2004年，《关于进一步加强和改进大学生思想政治教育的意见》指出："积极探索和建立社会实践与专业学习相结合、与服务社会相结合、与勤工助学相结合、与择业就业相结合、与创新创业相结合的管理体制，增强社会实践活动的效果，培养大学生的劳动观念和职业道德。"2010年出台的《国家中长期教育改革和发展规划纲要（2010—2020年）》，进一步强调坚持教育教学与社会实践相结合，对劳动教育的方针进行了更加深化的阐述，并融入了教育改革的新思想。

4. 新时期劳动教育的新发展

党的十八大以来，在习近平新时代中国特色社会主义思想的指引下，我国教育改革立足于"立德树人"这一根本任务，紧紧围绕"培养什么人、怎样培养人、为谁培养人"这一根本问题，在促进人的全面发展和推进劳动教育的实施等方面提出了新理念和新观点。2013年，中共教育部党组发布的《关于在全国各级各类学校深入开展"爱学习、爱劳动、爱祖国"教育的意见》指出："在各级各类学校深入开展'三爱'教育，对于培育和践行社会主义核心价值观，深化中国梦宣传教育，帮助学生树立正确的世界观、人生观、价值观具有重要意义。"2020年3月20日，中共中央、国务院发布的《关于全面加强新时代大中小学劳动教育的意见》提出，要"把劳动教育纳入人才培养全过程，贯通大中小学各学段，贯穿家庭、学校、社会各方面，与德育、智育、体育、美育相融合"，这为全面构建新时代劳动教育体系奠定了理论基础。新时代劳动教育体系得到全新构建，劳动教育将"立德树人"的根本任务同全面育人的教育方针紧密结合。

第二节　新时代大学生劳动教育的内容

一、劳动观念教育

劳动观念指个人对劳动的观点和看法，主要表现在思想层面上。劳动观念主要包括对劳动的本质、目的、方法、实践等方面的看法，是世界观、人生观、价值观的重要组成部分，对劳动行为和参与活动的效果有着重要的影响。

（一）以劳动为荣的价值观念

观念是行为的先导，要有正确的劳动价值取向，尊重广大劳动者们辛勤劳动的成果，保持勤俭节约、艰苦奋斗的习惯。中华民族是一个勤劳勇敢、不断奋进的民族，经历了几千年来的辛勤劳动，铸造了优秀的中华文明。近代以来，无数的中国人民抛头颅、洒热血，坚持辛勤劳动和顽强拼搏，建立了中华人民共和国。改革开放、脱贫攻坚，无数国人辛勤劳动，推动中国高质量发展。无论时代条件如何变化，我们始终都要崇尚劳动、尊重劳动者，始终重视发挥工人阶级和广大劳动群众的主力军作用。大学生应树立以劳动为荣的理念，摆脱传统思维禁锢，勇敢跨步向前，积极践行诚实劳动的思想观念，树立正确的就业观。

（二）尊重他人的劳动的观念

尊重的意思是尊敬、重视，古语是指将对方视为比自己地位高而必须重视的心态及其言行，现在已逐渐引申为平等相待的心态及言行。在日常生活中，我们不仅要尊重他人，还要尊重他人的劳动成果。人民创造历史，劳动开创未来。人世间的美好梦想，只有通过诚实劳动才能实现。《朱子治家格言》中说："一粥一饭当思来处不易，半丝半缕恒念物力维艰。"我们吃的每一碗饭、用的每一件物品，其中包含了许多人的心血，所以我们要好好珍惜并尊重他人的劳动成果。在生活中，劳动是艰辛的，会付出汗水，付出辛劳，因此每个人的劳动成果都应该受到尊重。劳动不仅伟大，而且神圣。劳动人民用自己的勤劳和智慧，为世界做出了贡献。劳动是没有高低贵贱之分的。当太阳还未升起的时候，"城市美容师"环卫工人早早来到自己的岗位，为城市扫去了垃圾；建筑工人每天风吹日晒，将一砖一瓦盖成高楼大厦；老师把自己的知识传授给学生，让一个个学生走上成功之路……这些都是他们辛勤劳动的成果。劳动教育要教育大学生尊重他人劳动，尊重每一位劳动者的辛勤劳动，如上课时老师耐心讲授知识，学生要仔细听讲，认真学习；在生活中，要尊重清洁人员的劳动，捍卫他们的劳动成果，自觉维护生活环境的干净整洁；在食堂，要坚持"光盘行动"，养成勤俭节约的品质。此外，还应该在参加劳动实践活动中挥洒汗水，在顽强拼搏中磨炼意志。

（三）奉献社会的观念

塑造劳动风尚，彰显劳动价值。长期以来，广大劳模以高度的主人翁责任感、卓越的劳动创造、忘我的拼搏奉献，谱写出一曲曲可歌可泣的动人赞歌，铸就了"爱岗敬业、争创一流、艰苦奋斗、勇于创新、淡泊名利、甘于奉献"的劳模精神，为全国各族人民树立了光辉的学习榜样。掏粪工人时传祥"宁愿一人脏，换来万家净"，"铁人"王进喜"宁肯少活二十年，拼命也要拿下大油田"，杂交水稻之父袁隆平做着"禾下乘凉梦"充实天下粮仓……不同的岗位，同样的精神。这些劳模们以创造、创新、创业的激情，在劳动中成就了自己的价值，更托举起一个国家、一个民族的梦想。高校大学生作为高素质的劳动者，应该以主人公意识为学校、为社会作贡献，秉持只争朝夕、不负韶华、时不我待、甘于奉献的观念，投身社会主义现代化建设之中，为国家富强添砖加瓦。

二、劳动能力培养

（一）培养一般性劳动能力

一般性劳动能力通常指日常所需的劳动能力，包括为自己服务的穿衣、吃饭等和为他人服务的简单体力及脑力劳动。在认知思维上，树立正确价值观；在目标理念上，号召形成人人劳动、时时劳动、处处劳动的有机体；在方法手段上，运用好融入式、嵌入式、渗入式的形式。大学生应该积极参加日常一般性劳动，通过劳动增强责任意识和担当意识，同时也能体会他人辛劳，更加珍惜劳动成果，进而增进社会成员间的关系，减缓心理压力，释放不良情绪。大学生应该了解劳动相关的基础知识，运用劳动教育的理论和方法，自主学习劳动常识，具备日常劳动能力。

（二）培养职业性劳动能力

职业性劳动教育是指通过专业的技术训练，从而具备专门知识的劳动能力。没有一定的实践经验，就不能适应岗位的要求。高校应结合不同类型院校大学生所学专业的特点，开展职业规划、岗位培训、支教服务、技能实训等实践活动，加深大学生对职业的理解，锤炼大学生独立工作的能力，并进一步使大学生掌握专业操作技能；结合大学生各自的专业需求，发挥学生自主操作技能的主动性，使大学生熟练掌握劳动工具的操作方法，为大学生未来的工作、职业发展做好充分准备；增强大学生劳动意识，厚植劳动情怀，引导大学生热爱劳动、积极参加多种形式的劳动教育活动，弘扬劳动光荣的新风尚。

三、劳动习惯养成

劳动习惯是指人们在劳动过程中形成的经常性的行为，也可以说是在劳动的过程中持续不断地练习，并发展成为独立个体从事体力或者脑力活动的一种自觉的行为方式。其主要指在生活和教育活动过程中形成的与劳动有关的人的行为范式。俄国教育家乌申斯说过："教育不但应当培养学生对劳动的尊敬和热爱，也还必须培养学生劳动的习惯。"劳动习惯教育不单单是一种理论观念的教育形式，更是在具体实践中表现出的一种行为习惯。好的劳动习惯，能促进大学生的健康发展。要在日常生活中养成良好的劳动习惯，使大学生成为"流自己的汗、吃自己的饭"的有尊严、有教养的时代新人。高校要求大学生做好个人卫生，处理好个人事务，积极参加班级活动，进一步提高劳动能力。加强大学生在日常生活当中的劳动教育，结合大学生的校园生活，组织大学生开展校园卫生、文明寝室建设等劳动锻炼，在这一过程中养成良好的劳动习惯。重视劳动习惯的培养，让劳动贯穿课堂学习、生产实践、教育培训。

第三节　新时代大学生劳动教育的时代价值

马克思说："历史承认那些为共同目标劳动因而变得高尚的人是伟大的人，经验赞美那些为大多数人带来幸福的人是最幸福的人。"新时代开展大学生劳动教育是推进民族复兴伟大事业、坚持和发展中国特色社会主义的必然要求。

一、新时代开展大学生劳动教育，是建设创新型国家的题中应有之义

"全部社会生活在本质上是实践的。"物质生产实践是人类最基本的实践，其中的劳动实践则是生产和发展最重要的实践形式之一。新时代，打造堪当大任的德智体美劳全面发展的高素质人才是赢得国际竞争主动权的关键一环。建设中国特色社会主义现代化强国，要大力实施创新驱动发展战略，将经济发展与科技创新紧密结合。这对我国教育事业的发展提出了新的更高要求。通过提倡"创造性劳动"，重点培养一支专业技能过硬、自主创新能力高的新型劳动者队伍，以适应时代发展需要，实现教育、科技与经济三者协调统一发展。

开展大学生劳动教育，以马克思主义劳动观武装大学生的头脑，以丰富的实践活动为媒介架构起个体融入中国特色社会主义社会伟大事业，树立社会责任感；开

展大学生劳动教育，有利于输出灿烂的中华传统文化与伟大民族精神，向新时代青年传递文化正能量，培育其积极乐观的精神风貌以投身于社会主义建设，为民族复兴提供源源不断的内生动力，增强国家文化软实力；开展大学生劳动教育，全面提升大学生劳动素养和劳动创造能力是实现中国梦的长远大计。化"人口大国"为"人才强国"，为全面建成社会主义现代化国家注入强大动力。

马克思说："我的劳动是自由的生命表现，因此是生活的乐趣。"新时代大学生劳动教育，就是要着眼新时代发展的特点，结合大学生思想观念的实际情况，依托大学的教育资源，和社会密切合作，引领大学生努力劳动、艰苦奋斗，深刻理解"空谈误国、实干兴邦"的道理，树立通过劳动中的知行合一实现真正幸福的人生观。大学生对幸福的理解决定了大学生以后的成长道路和成才方向，也决定着大学生将来对社会的奉献程度。只有通过劳动教育和劳动实践，培养正确的幸福观和择业观，才能使大学生形成优秀的人格、品质、意志，形成坚定的符合社会主义核心价值观的思想和精神面貌。

人民创造历史，劳动开创未来。通过劳动教育可以更加坚定大学生的社会主义信念。劳动是中国人民的本色，在中国特色社会主义制度下，劳动者主体通过劳动实现物质文明和精神文明的进步，获得自由与发展，也必将通过劳动实现中华民族的伟大复兴。新时代意味着新发展，但是社会主义的内核不能丢，中国共产党的优良传统不能变。劳动教育可以帮助大学生深刻理解参与社会主义劳动的意义和价值，培养他们身体力行、踏实奋进的劳动品质和以崭新的劳动精神面貌、劳动价值取向和劳动技能水平向新时代献礼的价值追求。

二、新时代开展大学生劳动教育，是推进高等教育自我革命的内在要求

实现高等教育内涵式发展，建设高水平大学群是体现国家核心竞争力的重要标志。随着智能机器人时代的到来，"数字化＋教育"这个组合影响着人类的物质文化与精神文化，也相应引发了对于劳动权利、劳动从属以及劳动伦理等问题的思考。知识经济浪潮的兴起更在某种程度上导致了高等教育"内卷"现象——以成绩单为代表的考核体系凸显了社会发展与高等教育人才培养不相匹配的矛盾，弱化了大学生投身于社会的能力素养。新时代经济社会的伟大变革，深刻呼唤着更优质的高等教育体系建设。

开展大学生劳动教育，是以大学为主体的高等教育发展逻辑与经济社会需求相

适应的时代特征的体现,是贯彻《中国教育现代化 2035》共建共享理念的重要途径。高等教育,是形成高水平人才培养体系的关键一环,开展劳动教育有利于塑造新一代"数字国民"的劳动素养,提升人才培养与社会需求的适应性。同时,开展大学生劳动教育,是经济新常态下推动高等教育自我革新以实现现代化转型目标的体现,有利于进一步完善高等教育管理体制,协同多方育人合力优化各级各类高校的创造性人才培育结构,保持高等教育的动态平衡机制,实现教育治理现代化。另外,开展大学生劳动教育,为高等教育的开展形式提供了全新的教学内容、丰富的教学方式以及前瞻性的思想理念,由质到量建立产—学—研的高等教育一体化系统。

新时代大学生劳动教育肩负着重要的世界观培育功能。通过劳动教育,广大青年学生可以更加深刻地理解劳动的本质、价值和方式,认清劳动与社会发展的关系,以科学理性的态度对待劳动、劳动者、劳动方式。通过劳动教育,可以让青年学生在了解自然、认识世界的同时,也了解人民的疾苦及劳动在社会发展进程中的重大作用,加深广大青年学生对社会历史发展的理解,最终形成正确的新时代劳动价值观。劳动观决定劳动态度,劳动态度影响劳动者的精神面貌。通过劳动教育,有助于大学生养成踏实、勤奋、严谨的劳动品质,使其在劳动实践中成长、成才。作为进入社会前的最后一站,大学的劳动教育可以帮助青年学生正本清源,反求诸己,思考如何才能紧跟时代,夯实基础,服务社会,真正成为社会主义事业的建设者和接班人。

三、新时代开展大学生劳动教育,是实现自由全面发展的根本途径

新时代大学生劳动教育,不仅承载着劳动育人、劳动创新的时代任务,更承载着砥砺大学生公共服务精神的教化功能。劳动英雄和模范工作者"有三种长处,起了三个作用",即带头作用、骨干作用和桥梁作用。

新时代大学生劳动教育有助于培养大学生勤俭、奋斗、创新、奉献的劳动精神,培养他们服务社会、服务他人的奉献情怀和服务意识,培养他们通过劳动实践磨炼意志、砥砺品格,进而实现人生价值的能力,最终通过劳动培养大学生成为为人民服务的骨干。

马克思主义认为,劳动是推动人的发展与社会历史运动的自由力量,每个人自由全面发展是自由王国的根本特征。大学生自由全面发展具有两层含义:一是个性的全面发展。新时代开展大学生劳动教育,始终坚持以生为本的导向,在把握主体个性特质的基础上,对其开展有针对性的个性化教育,使大学生能够真正地在劳动

教育中张扬个性，自由生长。二是以大学生综合素质全面提升与自我价值实现为终极目标。劳动具有完善人的身体、心理、道德、文化等方面素质的功能，劳动教育是联结大学生与社会的纽带。将政治教育、思想道德教育与法治教育融入大学生劳动教育的过程，体现了高等教育立德树人的根本原则，帮助大学生拥有大爱大德大情怀的健全人格。劳动教育是深化以学促行、以行践学的重要手段。通过手脑并用使大脑皮层细胞活跃，在劳动教育中增强大脑的灵活性，增长才智。劳动教育是提升大学生体育素养、促进体育生活化的有效途径。在参与劳动的过程中使四肢的骨骼肌肉得到锻炼，起到以劳健体的作用。通过劳动教育也可以转移日常生活与学习中的不良情绪，促进心理健康，具有双重价值。劳动教育的开展与实施，为新时代大学生实现个体价值与社会价值的有机融合提供了机会，为大学生实现个体奋斗提供了更广阔的发展空间。

小结

人民创造历史，劳动开创未来。劳动是推动人类社会进步的根本力量。劳动教育是新时代中国特色社会主义教育制度的重要内容，是建设创新型国家的题中应有之义。新时代开展大学生劳动教育，是推进高等教育自我革命、永葆教育生机活力的内在要求。新时代开展大学生劳动教育，是发挥学生主体作用、实现自我全面发展的根本途径。

实践任务安排

结合自身生活、学习，谈谈你对开展劳动教育的认识。

第二章
劳动精神

引导语

　　人民创造历史，劳动成就梦想。一个国家的繁荣，离不开人民的奋斗；一个民族的强盛，离不开精神的支撑。在长期实践中，我们培育形成了爱岗敬业、争创一流、艰苦奋斗、勇于创新、淡泊名利、甘于奉献的劳模精神，崇尚劳动、热爱劳动、辛勤劳动、诚实劳动的劳动精神，执着专注、精益求精、一丝不苟、追求卓越的工匠精神。劳模精神、劳动精神、工匠精神是以爱国主义为核心的民族精神和以改革创新为核心的时代精神的生动体现，是鼓舞全党全国各族人民风雨无阻、勇敢前进的强大精神动力。当前，全面建设社会主义现代化国家新征程已经开启，我们要继续大力弘扬劳模精神、劳动精神、工匠精神，提振精气神、奋进新征程，续写"中国梦·劳动美"的壮丽篇章。

知识导览

```
                                   ┌ 新时代劳动精神的形成与内涵
                      弘扬新时代劳动精神 ┤ 劳动精神在新时代的意义和价值
                                   └ 新时代劳动精神的培育与践行

                                   ┌ 劳模精神的内涵
  劳动精神          践行劳模精神      ┤ 劳模精神的时代价值
                                   └ 践行劳模精神的路径

                                   ┌ 工匠的概念及中国工匠精神的时代内涵
                      工匠精神      ┤
                                   └ 工匠精神的培育与践行
```

第一节　弘扬新时代劳动精神

一、新时代劳动精神的形成与内涵

劳动是创造价值的唯一源泉，劳动精神是劳动者在创造美好生活的劳动实践中所秉持的马克思主义劳动观及体现的精神风貌。作为一个社会历史范畴，劳动精神植根于现实的劳动生产方式，随着社会劳动活动和劳动关系的发展而变化。它既是对现存劳动状况的观念反映，也包含对现存劳动现实的超越性要求。中国特色社会主义进入新时代，意味着中国社会发展进入了新的历史方位、面临新的历史任务和实践要求，也因此对劳动精神提出了新的建构要求和现实呼吁。

（一）新时代劳动精神的形成

1. 理论基础：马克思主义劳动观

马克思主义唯物史观认为，劳动是人类社会和历史发展的应然起点。马克思主义经典作者始终将劳动作为整个人类社会发展的重要作用和意义的宏大视野来审视劳动的应然价值。首先，劳动创造人本身。人类是劳动精神文化样态的弘扬主体，正是在劳动的实践过程中，才使人不断实现人类本质，并在不断追求新的人类本质的过程中彰显着劳动精神。其次，劳动创造人类历史。人类漫长演进的过程就是一部劳动发展史。马克思主义认为，人类社会的全部历史都是以劳动为起点的，劳动是解开人类历史发展进步的一把钥匙。再次，劳动是一切财富的源泉。劳动创造物质和精神财富。人类在艰苦的生产劳动过程中创造着丰富的物质资料，保障着人类的基本需要，同时还在实践过程中，随着时代变迁，形成不同时代特色的劳动精神，成为推动人类进步的重要精神动力。最后，劳动是实现人类全面而自由发展的重要途径。劳动创造幸福，是劳动精神践行的重要结果。马克思主义理论下的异化劳动是对西方资本主义社会形态下劳动的一种深刻揭露。

2. 实践逻辑：以人民为主体的劳动实践

马克思主义是人民的理论。在马克思主义人民立场的指导下，中国共产党人将实现好、维护好、发展好人民群众的根本利益作为一切工作的出发点和落脚点，在广大人民的劳动实践过程中集中体现了以人民为主体的思想。新时代劳动精神肯定劳动者的地位，歌颂劳动者的伟大，珍视劳动者的成果，提升了劳动者的幸福感，体现了劳动者的奋斗与共享的高度统一。一方面，劳动人民是财富的创造者。"人民是真正的英雄，人民是决定党和国家前途命运的根本力量，要依靠人民创造历史"①。正是由于无数劳动者在各行各业的辛勤劳动，才创造了日益丰富的社会财富，劳动人民成为社会历史发展的鲜活实践主体，成为社会发展变革的决定力量。另一方面，改革发展的成果最大限度地惠及劳动者。在以人民为中心的指引下，劳动者不仅是实践主体，也是价值主体，更是成果分享的主体。中国共产党人在践行劳动精神的过程中，将满足人民日益增长的美好生活需要作为发展的奋斗目标，让每一位劳动者体验到光荣的同时，"一个不能少"地享受改革发展的成果，使劳动人民充分体会到劳动的价值与光荣。

　　3. 文化基因：中华优秀传统文化中的劳动理念

　　中华民族自古以来就是热爱劳动的民族，崇尚劳动、尊重劳动是中华民族的宝贵精神财富。新时代劳动精神根植于中华优秀传统文化，其形成与发展离不开中华优秀传统文化的深厚滋养。首先，勤劳是中华民族的传统美德。翻开我国古代文学作品，历代文人墨客写下了许多关于古人辛勤劳动的诗篇。早

二维码 2-1-1　中华优秀传统文化中的劳动思想——新时代劳动精神的文化基因

在春秋时期，便有"民生在勤，勤则不匮"的箴言；东晋陶渊明曾发出"人生归有道，衣食固其端。孰是都不营，而以求自安？"的诘问；民间亦有"富贵本无根，尽从勤里得"的谚语。这些诗歌、谚语凸显了劳动在人的生存和发展中的重要性，表达了尊重劳动、崇尚劳动的文化传统。其次，以天下苍生为使命是中国传统劳动思想的价值追求。在中国神话故事中，女娲耗费心血炼石补天，大禹治水三过家门而不入，后羿射日救民于炙烤之中，神农尝百草以身试毒等，无不彰显着无私奉献、舍己为人的精神品格，成为中国传统劳动思想的精神标识。最后，讴歌劳动人民是中国传统劳动思想的重要内容。"民为邦本，本固邦宁"凸显的是劳动人民在强基固本中的重要性，"天之生民，非为君也；天之立君，以为民本"体现出以人为本的思想，为劳动精神所继承和发扬。

　　（二）新时代劳动精神的内涵

　　一般来说，新时代劳动精神包含崇尚劳动、热爱劳动、辛勤劳动和诚实劳动的核心内容和价值追求。崇尚劳动，就是尊重劳动、推崇劳动，对劳动怀有真诚敬重之心和自觉崇敬之意，对劳动持有高度的价值认可。热爱劳动，就是对劳动抱有热烈的态度和挚爱之情，并因此获得坚实持久的劳动动力。辛勤劳动，就是在劳动

① 习近平.关于"不忘初心、牢记使命"论述摘编[M].北京：党建读物出版社，2019：145.

中持有不怕困苦、不畏艰难、勤奋刻苦的劳动态度和劳动意志。诚实劳动，就是在劳动中自觉秉持言行一致的价值原则，通过真诚的劳动努力和坚实的劳动付出收获财富、成功和幸福。可见，以崇尚劳动、热爱劳动、辛勤劳动、诚实劳动为核心内容的新时代劳动精神，包含着深刻的价值意蕴。它集中体现了以爱国主义为核心的民族精神和以改革创新为核心的时代精神，蕴含着唯物史观关于劳动形塑人、劳动创构历史、劳动创造价值的劳动本体论思想，凸显了以依靠劳动者、造福劳动者为基本内容的以劳动人民为中心的价值指向，彰显了劳动崇高、劳动伟大的社会主义价值理念，极大地展现了劳动的价值，捍卫了劳动者的尊严，提升了劳动者的主体地位。

二、劳动精神在新时代的意义和价值

站上时代的峰峦俯瞰历史，是劳动创造了人类的文明进步；回望中华民族伟大复兴的征程，是劳动构筑起通向梦想的坚实阶梯。今天，我们站在"两个一百年"奋斗目标的历史交汇点上，弘扬新时代劳动精神，对于培养各领域高素质的劳动者，满足人民美好生活的需要，全面建设社会主义现代化国家，具有十分重要的意义。

（一）新时代劳动精神是实现劳动者体面劳动、全面发展的思想引领

每一个时代都有每一个时代的难题，每一个时代都有每一个时代的困境。当今世界正经历百年未有之大变局，世界正迎来新一轮科技革命和产业变革，人工智能、机器人、大数据等新技术的应用不断增加，我们的劳动者所面临的劳动环境空前复杂，影响劳动者自身发展的因素也是复杂多变的。在现实社会生活中，一定程度上还存在着劳动认同危机、劳动动力不足、劳动精神失落的状况，并因此影响了劳动者的劳动积极性和创造性。因此，必须大力弘扬劳动精神，引领每一位劳动者不断克服好逸恶劳等不良倾向，用劳动精神浸润整个社会的劳动风气，让全体劳动者在劳动创造中贡献智慧与力量，才能持续推进中国特色社会主义伟大事业不断向纵深发展。新时代劳动精神是这个时代极为有力的思想感召，引领广大劳动者不待扬鞭自奋蹄。

（二）新时代劳动精神是满足人民日益增长的美好生活需要的内在要求

在马克思主义劳动思想的逻辑之下，新时代的劳动精神的时代品质和核心价值体现在人类对个体自由而全面的发展，对美好生活的执着追求，这也成为支撑建设中国特色社会主义的恒久性精神支柱，更彰显出劳动人民所应该遵循的行为准则和

价值观念。作为无产阶级和人民大众的自我意识，马克思主义将实现劳动解放和人的自由而全面发展的美好生活作为自己的崇高价值追求和神圣使命。以马克思主义作为指导思想的中国共产党把实现人民的美好幸福生活作为自己庄重的价值承诺和矢志不渝的奋斗目标。党的十九大报告指出："中国共产党人的初心和使命，就是为中国人民谋幸福，为中华民族谋复兴……全党同志一定要永远与人民同呼吸、共命运、心连心，永远把人民对美好生活的向往作为奋斗目标。"[①] 随着我国经济社会的不断发展和中国特色社会主义进入新时代，我国社会主要矛盾发生了深刻变化，人民日益增长的美好生活需要和不平衡不充分的发展之间的矛盾成为新时代我国社会主要矛盾，人民对美好生活的要求日趋广泛而强烈，这使如何通过更好的发展来实现中国人民日益增长的美好生活需要，成为新时代的实践课题和历史任务。美好生活是一个总体性的范畴，不仅包括美好的物质文化生活，还意味着美好的政治生活、社会生活、生态生活等。然而，美好生活不可能从天而降，它需要坚实的物质基础、丰富的文化创造、良好的社会秩序安排以及和谐的人际关系，而这一切皆有赖于人们的艰苦劳动付出和积极的劳动创造。可以说，劳动是成就美好生活的根本和源泉，美好生活是劳动创造的果实。所以，在成就人民美好生活的新时代伟大历史实践中，需要激发全体劳动者的劳动热情和劳动奉献精神，释放每一个劳动者的生命潜能和本质力量，从而为成就人民美好幸福生活提供磅礴的劳动伟力。在此过程中，迫切需要在全社会形成崇尚劳动、热爱劳动、辛勤劳动、诚实劳动的精神文化氛围，从而为成就美好生活提供持久的劳动精神动力。

（三）新时代劳动精神是实现中华民族伟大复兴的不竭动力

党的十九大报告提出："中国特色社会主义进入新时代，意味着近代以来久经磨难的中华民族迎来了从站起来、富起来到强起来的伟大飞跃，迎来了中华民族伟大复兴的光明前景"，"今天，我们比历史上任何时期都更接近、更有信心和能力实现中华民族伟大复兴的目标"。[①] 中华民族伟大复兴的前景从未像今天这般清晰地展现在我们面前，我们也从未像今天一样如此接近民族复兴的目标。但是，中华民族的伟大复兴绝不是一件轻轻松松、敲锣打鼓就能实现的事情。正如新时代是奋斗出来的一样，中华民族的伟大复兴有赖于广大人民群众的劳动奉献和劳动创造。若没有人民的艰辛劳动付出和积极劳动创造，民族复兴的目标只能是镜中花、水中月。而劳动精神作为激发劳动者积极劳动的精神动力，是引领劳动者投身劳动的价值信仰，

---

① 习近平. 决胜全面建成小康社会 夺取新时代中国特色社会主义伟大胜利——在中国共产党第十九次全国代表大会上的报告 [N]. 人民日报，2017-10-28.

也是支撑劳动者实现劳动创造的持久信念，劳动精神对于促进劳动者的劳动活动和劳动创造具有极其重要的价值。因此，新时代劳动精神能够为激发人民群众的劳动积极性和劳动创造性，进而实现中华民族伟大复兴提供不竭动力。只要全体中华儿女心往一处想，劲往一处使，弘扬劳动精神，汇聚强大力量，必将在民族复兴的征程上留下浓墨重彩的一笔。

三、新时代劳动精神的培育与践行

2020 年 3 月，中共中央、国务院发布的《关于全面加强新时代大中小学劳动教育的意见》（以下简称《意见》）指出："近年来一些青少年中出现了不珍惜劳动成果、不想劳动、不会劳动的现象，劳动的独特育人价值在一定程度上被忽视，劳动教育被淡化、弱化。对此，全党全社会必须高度重视，采取有效措施切实加强劳动教育。"[1]《意见》还明确提出了劳动教育总体目标，为培养造就担当民族复兴大任的时代新人提供了现实着力点，也为新时代大学生践行劳动精神，担负青春使命，提供了基本遵循。

（一）着力涵育勤俭美德，端正勤勉自持的劳动态度

勤俭作为劳动精神的重要内容，是劳动基本态度与道德取向的反映。勤能开源、俭可节流，二者相辅相成，影响和决定劳动的态度与行为选择。勤俭是中华民族的传统美德，古人以"勤思劳体""克勤于邦，克俭于家""勤以立志，俭以养德"等思想深刻阐明了勤俭的重要意义。我们党在不同时期提出的"勤俭建国"方针、"勤俭"公民道德规范以及"厉行节约、反对浪费"的文明新风，都是对勤俭美德的赓续与弘扬。

着力涵育勤俭美德，旨在端正勤勉自持的劳动态度。新时代大学生只有崇尚劳动、尊重劳动，培养勤俭美德，才能集聚辛勤劳动、诚实劳动、创造劳动的底气和实力。为此，一要加强对马克思主义劳动观的学习和劳动实践锻炼，深化劳动认知。马克思主义劳动教育理论认为，劳动是人类生存发展的第一需要，一切社会财富和历史进步都是劳动创造的结果；劳动教育是人存在与发展的重要源泉，目的在于培养全面发展的人。大学生要掌握马克思主义劳动观这把"总钥匙"，使自己在面对各种社会现象、价值选择、人生考量时，做到是非明、方向清、路子正，真正明白

---

[1]　中共中央、国务院. 关于全面加强新时代大中小学劳动教育的意见 [N]. 人民日报，2020-03-27.

只有付出辛勤劳动才能结出果实。同时，积极参加劳动实践，亲身体验劳动甘苦，抵制好逸恶劳、奢侈浪费的恶习，树立劳动光荣、浪费可耻的基本态度。二要加强对中华优秀传统文化和国情的学习和认识，领悟勤俭的意义。大学生要立足基本国情，树立与时俱进的勤俭观和符合实际的消费观、资源观，弘扬"一分耕耘，一分收获""勤耕不辍，富而不奢"的传统美德，认识到合理消费与勤俭节约并行不悖是文明进步的表现，深刻理解劳动与享受的辩证统一。三要加强个人修养，提升勤俭修为。大学生要勤奋学习、诚实劳动、节俭自律，要遵守经济秩序和道德规范，做节约适度、绿色低碳、文明健康的宣传者和践行者，将勤俭内化为一种生活习惯和方式。

（二）着力筑牢奋斗信念，锤炼勇于拼搏的劳动意志

奋斗是指通过劳动改变现状或开拓未来的坚定信念与行动姿态，是一个为达成既定目标、实现理想抱负不懈劳动、顽强斗争的实践过程，体现为不畏艰险、昂扬向上的意志状态与精神风貌。纵观中外历史，凡有所作为者无不是经过攻坚克难而成大业，一切理想的实现、事业的成功、人生的幸福无不在永久奋斗的信念坚守中孕育创造。奋斗是中国共产党在长期革命、建设和改革开放中形成的光荣传统和优良作风，是实现中华民族伟大复兴的精神法宝与力量之源。把我国建设成为富强民主文明和谐美丽的社会主义现代化强国、实现中华民族伟大复兴的中国梦，归根结底要靠包括青年大学生在内的一代又一代劳动者的不懈奋斗、劳动创造。

着力筑牢奋斗信念，旨在锤炼勇于拼搏的劳动意志。第一，坚定理想信念，增强责任担当，把准奋斗方向。大学生要用习近平新时代中国特色社会主义思想武装头脑，牢固树立共产主义远大理想和中国特色社会主义共同理想，增强为实现中华民族伟大复兴努力拼搏的信念和信心；要有忧患意识和长远眼光，深刻把握百年未有之大变局下中国日益走近世界舞台中央的机遇和挑战，自觉把个人追求融入国家繁荣和民族进步的事业中；要明确人生发展方向和现实定位，根据自身现状规划制定阶段性发展目标和可行性职业目标，使奋斗之路更加理性、务实。第二，努力提升素质能力，增强奋斗本领。大学生素质和本领的强弱，直接影响着民族复兴的进程。身处日新月异的新时代，面对世界百年未有之大变局，知识更新周期大大缩短，大学生要有本领不够的危机感、能力不足的紧迫感，要自觉加强学习、勤奋探索、勇于实践、诚实劳动，练就与时代发展和事业要求相适应的素质和能力，努力成为可堪大用、能担重任的栋梁之材。第三，注重心理健康，

锤炼奋斗意志。在遭遇大事、难事、急事，奋斗意志动摇或消减时，大学
生要学会有针对性地分析归因、找准问题、疏解情绪，必要时寻求帮助，努力使自身在
摔打、挫折、考验中历练宠辱不惊的心理素质，坚定百折不挠的进取意志，保持
乐观向上的精神状态。

（三）着力塑造创新品格，树立追求卓越的劳动理念

创新通常指运用已有知识，对事物进行改进或创造而产生超常价值的劳动实
践形式，是引领、驱动事物发展的内在力量。创新的标志在于通过创造性劳动取得
"人无我有、人有我强、人强我优"的突破性成果，凝结着人们打破思维定式与条
条框框、敢走前人未走之路的勇气和智慧，是敢闯敢试的进取意识、不落窠臼的
思维超越和标新立异的创造能力等品格的综合呈现，是最具时代特色的劳动精神
表征。当前，创新已成为推动新科技革命和全球变革的第一引擎，依靠自主创新补
齐我国基础科学研究和关键核心技术的诸多短板，既对传统劳动提出挑战，也提供
了培养创新精神的珍贵契机。践行新时代劳动精神，尤其要在培养自己的创新意识
和创新能力上下功夫，着力塑造创新品格，敢于大胆突破陈规甚至常规，不唯书、
不唯上、只唯实。

着力塑造创新品格，旨在树立追求卓越的劳动理念。大学生在践行劳动精神的
实践中，要做到以下几个方面：一是树立大胆探索未知领域的信心，增强改革创新
的自觉意识。大学生要坚定勇于探索、追求卓越的雄心壮志，既不妄自菲薄，也不
妄自尊大，以强烈的好奇心、求知欲、挑战力、坚忍性，进行自我教育、自我开发、
自我创造。二是优化知识结构，培养创新思维。缺乏深厚的专业知识积淀，盲目追
求改革创新，往往容易流于不切实际的空想。大学生要扎实学好专业知识，夯实创
新基础，在专业学习和社会实践中勤于思考，善于发现，大胆构思、怀疑自省，敢
于提出问题、敏锐发现问题、善于解决问题，勇于用探究的手段、批判的精神、求
异的品质，提出新理论、开辟新领域、探索新路径。三是积极投身改革创新实践，
提高创新能力。实践出真知，实践长才干。大学生要积极参加各类创新创业大赛、
"互联网+"大赛以及学校组织的创新类活动，在实践当中成长和进步。同时，积极
利用校企、校地合作契机，主动融入社会、贡献才智。

（四）着力厚植奉献情怀，提升担当有为的劳动境界

奉献是指为了国家、集体和他人利益，自觉自愿投入劳作、付出劳动、让渡财
富甚至舍弃生命的本色行为，正如马克思所言"劳动已经不仅仅是谋生的手段，而
且本身成了生活的第一需要"。奉献精神蕴含着深刻的公共价值体认，个人对社会的

贡献越大，就越能获得自我价值实现的利益回报与社会尊重。奉献既表现为危急时刻不畏牺牲的伟大情怀，也体现为包容谦让、扶弱济困的凡人善举；既是高尚的情操境界，更是劳动的责任担当。新时代大学生践行劳动精神，就要厚植奉献情怀，甘于为祖国和人民奉献、乐于奉献，把劳动作为生活需要，将奉献作为人生追求，让青春在奉献中焕发出绚丽光彩。

着力厚植奉献情怀，旨在提升担当有为的劳动境界。首先，大学生要恪尽职守、敬业奉献。敬业是奉献的基本追求。不论分工如何、能力大小，在平凡岗位上担职尽责就是在为祖国、为人民、为民族作奉献。大学生要学习劳模先进事迹，积极发扬劳模精神和工匠精神，干一行、爱一行、精一行、专一行，在勤学笃用中获得自我提升的契机。其次，大学生要投身公益、服务奉献。要积极参与社区建设、环境保护、大型活动、抢险救灾、网络公益等志愿服务，注重培育公共服务意识，努力使自己具有面对重大疫情、灾害等危机主动作为的奉献精神并注重提升自己在生产劳动、生活劳动、服务劳动中的奉献水平。最后，大学生要励志有为、爱国奉献。要饮水思源听党话、理直气壮跟党走，深化"四史"理解、坚定"四个自信"，以国家富强、民族振兴、人民幸福为己任，勇做走在时代前列的奋进者、开拓者、奉献者；要弘扬和传承中国精神，以张富清、黄大年、黄文秀等为榜样，努力用爱国情、强国志、报国行谱写新时代的奉献之歌。

总之，在劳动精神的"勤俭、奋斗、创新、奉献"中，勤俭是基石、奋斗是支撑、创新是关键、奉献是归宿，四者相互承接、彼此贯通，统一于践行劳动精神的生动实践。

小结

综上，以崇尚劳动、热爱劳动、辛勤劳动、诚实劳动为核心内容的新时代劳动精神建立在马克思劳动观的理论基石上，形成于中国人民伟大社会历史实践之中，汲取中华优秀传统文化中的劳动理念，丰富和发展于中国特色社会主义新时代，对于培养各领域高素质的劳动者，满足人民美好生活的需要，全面建设社会主义现代化国家，具有十分重要的意义。培养新时代大学生的劳动精神，需紧紧抓住"勤俭、奋斗、创新、奉献"四个着力点，端正大学生勤勉自持的劳动态度，锤炼大学生勇于拼搏的劳动意志，树立大学生追求卓越的劳动理念，提升大学生担当有为的劳动境界。

实践任务安排

主题调研——十大感人"劳动故事"，以历史时期、专业领域等为视角，通过小组联合考察分析，精选出你们心中所认为的十大感人"劳动故事"，给出推荐依据与理由。

知识拓展

中国历史上的"劳动节"①

史载，从唐代开始，农历二月二日被定名为"耕事节"或"劳农节"。当日皇帝要亲率百官到田间劳作，农民则被要求携带扎着红绸布的农具下地耕播。

明代永乐年间，为规范皇帝亲耕，京城里特地修建了先农坛，圈划出一亩三分田土供皇帝专用。清代雍正皇帝还在圆明园西南隅专设"一亩园"，以便自己无暇分身时就近亲耕。这里顺便说一句：在17、18世纪席卷欧洲大陆一百多年的"中国热"中，法国皇帝路易十五听从有"欧洲孔子"之称的法国重农学派代表人物魁奈的建议，于1756年在巴黎城郊效仿中国皇帝下田劳作，实施了"亲耕"。清代一幅《皇帝耕田图》在绘制皇帝亲耕场景的空白处题写道："二月二，龙抬头，天子耕地臣赶牛，正宫娘娘来送饭，当朝大臣把种丢，春耕夏耘率天下，五谷丰登太平秋。"清政府还明文规定："凡七十以上耕者，免赋税杂差，劳农节赏绢一匹，棉十斤，米一石"。

中国农历二月二日帝王臣民于天雨欲降时节到田间共同劳作，表达的不仅是崇尚和提倡劳动，还体现出了天、地、人合一协作的内涵；官府给予劳动者福利，实含鼓励广大劳动者继续努力、做出更大贡献之意。这就是我国延续了数千年的古代劳动节，它与近现代争取劳动者权益的劳动节，差别还真是挺大的。

---

① 来源：北京晚报，2019-05-01，有改动。

第二节　践行劳模精神

一、劳模精神的内涵

　　劳动模范是劳动群众的杰出代表。劳模精神是劳动模范在平凡岗位上做出不平凡业绩所坚持坚守坚定的基本信念、价值追求、人生境界及其展现出的整体精神风貌。这一精神的主要内涵是"爱岗敬业、争创一流、艰苦奋斗、勇于创新、淡泊名利、甘于奉献"。其中，爱岗敬业是本分，争创一流是追求，艰苦奋斗是作风，勇于创新是使命，淡泊名利是境界，甘于奉献是修为。做一个守本分、有追求、讲作风、担使命、有境界、有修为的人，是每一位劳模的精神风范，更是每一位劳动者应该追求的目标。

　　（一）爱岗敬业、争创一流

　　爱岗敬业关键在"爱"与"敬"。"爱"是情感，是对专业、职业和岗位的热爱；"敬"是态度，是对专业、职业和岗位的敬畏。

　　"热爱"与"敬畏"相辅相成，是成就事业重要的原动力，是战胜前进道路上各种困难的支撑力。争创一流关键在"争"和"创"。"争"是力争，是全力以赴，是一种对待专业、职业和岗位的行为习惯。"创"是开创、创新。"争"和"创"相得益彰、互为补充，争创是指立足岗位肯学肯干肯钻研，力争和开创专业、职业新成就。

　　光荣属于劳动者，幸福属于劳动者。社会主义是干出来的，新时代是奋斗出来的。劳动模范是民族的精英、人民的楷模，是共和国的功臣。劳动模范作为时代领跑者，在不同时期、不同岗位，用自己的劳动，在党和国家历史上写下了绚丽的篇章。于延安时期形成的劳模精神，是在陕甘宁边区开展的树立、奖励与宣传、学习劳模的运动中孕育形成的一种革命精神，即"勤于劳动、精于业务、敢于斗争、善于创造、乐于奉献"。这种精神集中体现了劳模们勇当先锋的气魄、顽强拼搏的作风、献身革命的品格、服务人民的情怀，生动诠释了中国人民所具有的伟大创造精神、伟大奋斗精神、伟大团结精神、伟大梦想精神，更充分彰显了以爱国主义为核心的民族精神和以改革创新为核心的时代精神。[1]新中国成立初期，百业待兴，广大劳动者

---

[1]　习近平：在全国劳动模范和先进工作者表彰大会上的讲话。来源："学习强国"平台，2020-11-24。

依靠自己勤劳的双手艰苦奋斗，创造了一个又一个的传奇。太行山区农民李顺达带领老西沟的乡亲们在自然条件恶劣、物质条件落后的情况下，肩扛手挑，用锹耙犁锄，夜以继日地战天斗地，变不可能为可能，用难以想象的付出将老西沟这个"谁见也发愁"的穷山沟、苦山沟，变成了农林果牧共同发展的富裕沟、幸福沟。多次受到毛泽东同志接见的鞍钢工人孟泰为恢复生产，带领广大工人建成了著名的"孟泰仓库"，成为新中国企业修旧利废的起点。他还坚持技术攻关，先后解决技术难题十几项，并成功自制大型轧辊，谱写了一曲爱岗敬业、争创一流的赞歌。改革开放特别是党的十八大以来，广大劳动者用一代又一代的接力拼搏，创造了一个又一个劳动奇迹，用一个又一个动人的故事汇集成全民族的奋斗诗篇。高铁建设者巨晓林凭借着对岗位的尊重和热爱，凭借着坚定的信念和意志，用一天天的坚持、一步步的跨越，实现了从连图纸都看不懂的进城务工人员到中国顶尖高铁施工建设专家的转变。练就"一钩准""一钩净""二次停钩""无声响操作"等集装箱装卸技术的许振超，造就了名扬海内外的"振超效率""振超速度"。[1]

在这些劳模身上，我们看到"爱岗敬业"的职业追求，看到"争创一流"的精神力量。正是一代又一代劳动者、一位又一位劳动模范，用他们对事业的热爱与敬畏、坚守与奉献、拼搏与进取，干一行、爱一行、钻一行的精神，在中国共产党成立100余年，在中华人民共和国成立70余年的光辉历史中，在祖国的广袤土地上，撒下了一颗颗平凡却坚韧的种子，收获了光辉的人生篇章，为国家的复兴与时代的进步添砖加瓦，受人敬佩。

（二）艰苦奋斗、勇于创新

艰苦奋斗是中华民族的优良传统，也是劳模精神的重要内涵，即在劳动实践中，拥有不畏艰难、锐意进取的钢铁意志，展现坚忍不拔、顽强拼搏的精神风貌，保持艰苦朴素、勤劳节俭的生产生活作风。勇于创新是劳模精神的核心要义之一，就是在看待问题上不墨守成规，敢于打破固有思维束缚，积极探索劳动过程中的新规律和新方法，灵活地运用知识和经验，推动劳动技术和工艺的创新创造。伟大见于奋斗，奇迹源于创造，新中国70多年发展的里程碑上记录着一大批艰苦奋斗、勇于创新的劳动模范以及他们的伟大事迹。[1]

铁人王进喜率领钻井队以"宁肯少活二十年，拼命也要拿下大油田""有条件要上，没有条件创造条件也要上"的意志和干劲向人类生命极限挑战，克服了常人无法想

① 储新宇，李珂.弘扬伟大劳模精神 铸就新的历史伟业 [N].光明日报，2020-12-24.

象的困难，创造了年进尺 10 万 m 的世界钻井纪录。洪家光，中国航发沈阳黎明航空发动机有限责任公司高级工程师。谈起 1998 年刚从技校毕业，走上工作岗位时的心路历程，洪家光说："每天与零件打交道，同样的动作做几千遍，我当时也曾迷茫过。但渐渐我想明白了，没有平凡的岗位，每一个岗位都有自己的价值，我要尽自己最大的努力，加工好每一个零件。"洪家光曾先后荣获中国青年五四奖章、全国五一劳动奖章、全国创新争先奖、全国劳动模范等荣誉称号。叶片是航空发动机重要的组成部件。被称为"拼命三郎""工作疯子"的洪家光带领团队，经过几年时间、上千次尝试，研发出一套成熟的航空发动机叶片滚轮精密磨削技术，为此后的数控化制造和批量生产打下基础。2020 年，洪家光被授予全国劳动模范称号。"拼搏到无能为力，努力到感动自己。"这是洪家光微信朋友圈的个性签名，也是他实现 200 多项技术革新，解决 340 多个技术难题的精神"密码"。[①]

（三）淡泊名利、甘于奉献

在不同的时期，"淡泊名利、甘于奉献"都是劳模们的本色和追求。劳模们不图名利、甘愿付出，始终把国家和人民的需要放在首位。

"杂交水稻之父"袁隆平的毕生梦想就是消除饥饿。他是一位真正的耕耘者。当他还是一名乡村教师的时候，已经具有颠覆世界权威的胆识；当他名满天下的时候，却仍然只是专注于田畴，淡泊名利，播撒智慧，收获富足。2021 年 4 月初，91 岁的袁隆平院士转入湘雅医院治疗。医护人员介绍，即使是住院了，袁隆平院士还在时时刻刻关心试验田里的稻子长得好不好，"问我们天气怎么样，外面气温多少度"。"人就像种子，要做一粒好种子"，这是袁隆平院士生前常说的一句话。他也用一生，为这句话写下了注脚。他是我国研究与发展杂交水稻的开创者，也是世界上第一个成功地利用水稻杂种优势的科学家，被誉为"杂交水稻之父"。他冲破传统学术观点的束缚，于 1964 年开始研究杂交水稻，成功选育了世界上第一个实用高产杂交水稻品种。杂交水稻的成果自 1976 年起在全国大面积推广应用，使水稻的单产和总产得以大幅度提高。二十多年来，他带领团队开展超级杂交稻攻关，接连实现了大面积示范每公顷 10.5t、12t、13.5t、15t 的目标。2020 年，又实现了周年亩产稻谷 3000 斤的攻关目标。劳模们只问耕耘、不计得失，在牺牲小我中成就大我，以实际行动诠释了中国人的伟大创造精神、伟大奋斗精神、伟大团结精神、伟大梦想精神。

---

① 我们的传家宝：劳模精神。来源：中共中央宣传部"学习强国"平台，2021-03-30。

"爱岗敬业、争创一流、艰苦奋斗、勇于创新、淡泊名利、甘于奉献"的劳模精神是一个有机整体，集中彰显了刻苦勤勉、兢兢业业、敦本务实、埋头苦干的实干精神，持之以恒、孜孜不倦、锲而不舍、牢记使命的坚守精神，淡泊名利、甘于奉献、不图回报、不计得失的无私精神，是中华优秀传统文化、革命文化和社会主义先进文化以及社会主义核心价值观的集中体现。中华民族是勤于劳动、善于创造的民族。正是因为劳动创造，我们拥有了历史的辉煌；也是因为劳动创造，我们拥有了今天的成就。如今，"十四五"壮阔蓝图正在徐徐展开，全面建设社会主义现代化国家新征程已经开启。在新的起点上，我们要继续大力弘扬爱岗敬业、争创一流、艰苦奋斗、勇于创新、淡泊名利、甘于奉献的劳模精神，用劳动模范和先进工作者的崇高精神和高尚品格鞭策自己，辛勤劳动、诚实劳动、创造性劳动，努力在全面建设社会主义现代化国家新征程上创造新的时代辉煌，铸就新的历史伟业。[①]

二、劳模精神的时代价值

（一）劳模精神是马克思主义劳动观的生动体现

马克思对具有社会历史属性的"劳动"进行了深入剖析，认为在人从自然界分化出来演化成自然人，进而成为社会人的过程中，劳动发挥着决定性的作用。劳动解放人可以进一步理解为劳动解放人的社会关系，推动不合理的社会关系发生变革，从而使人获得社会关系的解放。社会主义制度下的劳动真正体现出劳动者的自主性，劳动不再是异化的、外在的、脱离了人的本性的东西，劳动者通过自己的劳动肯定自己，在劳动中感受幸福，在劳动中体现人与人的平等关系，这为劳模精神的产生与发展提供了重要土壤。马克思主义劳动观深刻反映了中国工人阶级和广大群众通过劳动在价值创造中的积极作用，为我们继承和弘扬劳动者伟大的劳模精神提供了理论支撑。劳模精神是社会主义劳动者在劳动中推动社会发展和实现精神文明的产物，中国特色社会主义开辟了社会主义在中国发展的独特进程，而劳模精神在这一独特进程中不断焕发出强大的生命力、创造力、战斗力、感染力、凝聚力、影响力，成为中华民族宝贵的精神财富，在中华民族站起来、富起来、强起来的伟大历史进程中发挥了不可替代的重要作用。

---

① 储新宇，李珂 . 弘扬伟大劳模精神 铸就新的历史伟业 [N]. 光明日报，2020-12-24.

（二）劳模精神是我国优秀传统劳动文化的时代结晶

回顾灿烂的中华文明史，中国人民劳动精神的形成与劳动人民的生产和生活实践以及中华民族崇尚劳动的传统文化密不可分。在我国传统文化中，一向推崇对劳动实践的认同、对劳动精神的传承、对劳动文化的传播。远古时代，钻木取火、神农氏教民稼穑、大禹治水的劳动故事就广为流传。明朝时期宋应星所著的《天工开物》收录了农事、手工制造诸如机械、兵器、火药、纺织、染色、制盐、采煤等技术，集中体现了古代劳动人民在自然科学、工业制造等方面的劳动创造和发明成就。中华儿女用辛勤的劳动创造了中国灿烂的历史文化，锻造了中国人朴实、勤奋的优秀品格。这一品格始终贯穿于社会生产的发展和实践当中，不断推动生产力的进一步发展，艰苦奋斗、甘于奉献、不为名利的劳动精神也在历史文化中熠熠生辉。我国优秀的传统劳动文化，为劳模精神的形成注入了民族文化基因，让劳模精神成为创造民族辉煌的根本力量和推动民族继续向前发展的精神支柱。同时，劳模精神又是对中华优秀传统文化中生生不息崇劳厚生精神因子的继承与阐发。

（三）劳模精神植根于中国共产党领导中国人民的长期奋斗实践

劳模精神是中国共产党在长期革命、建设、改革实践中积累起来的宝贵精神财富，源于为中国人民谋幸福、为中华民族谋复兴的初心和使命。新民主主义革命时期，我们党通过培养和表彰一批批劳动模范，在引领和发展革命根据地社会经济建设中发挥了巨大的示范和带头作用，为革命取得最后胜利奠定了扎实的社会基础。社会主义建设时期，劳动模范以无私奉献、团结苦干的精神积极投身于经济建设中，对引导广大人民群众集中精力恢复和发展国民经济，树立正确的社会主义劳动观念起到重要的推动作用。改革开放以来，广大劳动群众不仅发扬吃苦耐劳、艰苦奋斗的高尚品格，更是在开拓创新、苦干实干中创造了中国奇迹，业务精湛、技术卓越、锐意进取、敢为人先的劳模形象更加深入人心。进入新时代，在中国共产党的领导下，中国人民以实干兴邦的劳动精神，继续谱写中国特色社会主义伟大事业的新篇章，劳模精神、劳动精神、工匠精神更成为社会热词，"劳动最光荣、劳动最伟大、劳动最崇高、劳动最美丽"成为时代强音，为建功新时代、实现中华民族伟大复兴提供了崇尚劳动的价值引领。

（四）劳模精神是社会主义核心价值观的生动诠释

劳动模范和先进工作者"爱岗敬业、争创一流、艰苦奋斗、勇于创新、淡泊名利、甘于奉献"的劳模精神，生动诠释了社会主义核心价值观，是我们的宝贵精神财富和强大精神力量。社会主义核心价值观传承着中华优秀传统文化的基因，寄托着近代以来中国人民上下求索、历经千辛万苦确立的理想和信念，也承载着每个人的美好愿景。劳模精神作为民族精神和时代精神的重要内容，与社会主义核心价值观在文化传承、教育导向、爱国情怀、道德提升等方面高度契合。作为个体，劳动模范以"爱国、敬业、诚信、友善"为行为准则，是个人践行的典范；作为公民，他们以"自由、平等、公正、法治"为社会价值取向，是价值引领的旗帜；作为人民一分子，他们以"富强、民主、文明、和谐"为奋斗目标，将"小我"融入国家发展的潮流中，是价值实现的楷模。[①]

三、践行劳模精神的路径

劳模精神是在劳动创造社会精神财富和社会物质财富的过程中所展现的劳动态度、劳动意志、劳动境界等精神品质和价值理念的有机整体。党的十九届五中全会站在实现"两个一百年"奋斗目标的历史交汇点上，擘画我国未来的宏伟蓝图。实现这一宏伟蓝图，需要每个人付出努力，大力践行劳模精神，用劳模的崇高精神和高尚品格激励自己。

（一）学习劳模"爱岗敬业、争创一流"的劳动态度

学习劳模就是要学习他们在自己岗位上实干苦干的劲头；学习他们不断适应环境变化，不断创新工作方式方法。幸福不会从天而降，梦想不会自动成真；空谈误国，实干兴邦；一勤天下无难事。无论哪个时代的劳模，都是在某个方面有所建树的劳动者，没有哪代人的青春是容易的，重温劳模的故事，敬佩他们把不可能变为可能。以劳模为榜样，无悔自己的青春，在自己的一生中展现自己的劳动荣光和价值。

（二）学习劳模"艰苦奋斗、勇于创新"的劳动意志

学习劳模就是要学习他们通过奋斗改变现状、开拓未来的劳动意志。纵观古今中外，凡有所建树者无不是经过艰苦奋斗而出成就。一切目标、理想的实现，事业的成功无不在奋斗中创造。学习劳模就是要学习他们在长期的实践、建设中一直保持艰苦奋斗、勇于创新的劳动意志，这是实现中华民族伟大复兴的精神法宝之一。

（三）学习劳模"淡泊名利、甘于奉献"的劳动境界

学习劳模就是要学习他们无私的奉献精神和"淡泊名利、甘于奉献"的劳动境界。大学生应恪尽职守、敬业奉献；积极投身公益、服务奉献；励志有为、爱国奉献。

---

① 李珂：新时代劳模精神的崭新意蕴与当代价值。来源："学习强国"平台，2020-04-28。

小结

"爱岗敬业、争创一流、艰苦奋斗、勇于创新、淡泊名利、甘于奉献"的劳模精神是一个有机整体，集中彰显了刻苦勤勉、兢兢业业、敦本务实、埋头苦干的实干精神；持之以恒、孜孜不倦、锲而不舍、牢记使命的坚守精神；淡泊名利、甘于奉献、不图回报、不计得失的无私精神，是中华优秀传统文化、革命文化和社会主义先进文化以及社会主义核心价值观的集中体现。中华民族是勤于劳动、善于创造的民族。正是因为劳动创造，我们拥有了历史的辉煌；也是因为劳动创造，我们拥有了今天的成就。在新的起点上，我们要继续大力弘扬劳模精神，用劳动模范和先进工作者的崇高精神和高尚品格鞭策自己，辛勤劳动、诚实劳动、创造性劳动，努力在全面建设社会主义现代化国家新征程上创造新的时代辉煌，铸就新的历史伟业。

实践任务安排

1. 请走访一位劳模，学习他或她的先进事迹并写一篇心得体会。

2. 以班级或者学习小组为单位，每个同学说出一个劳模的名字和他或她的主要事迹。

知识拓展

探秘：如何评选出劳模？怎样能成为劳模？ ①

劳模是什么？

劳模是民族的精英、人民的楷模，是共和国的功臣。

2020 年 11 月 24 日，1689 名全国劳动模范和 804 名全国先进工作者在人民大会堂受到表彰，代表全体劳动者接受党和国家的最高礼赞。

新中国成立以来表彰了多少劳模？劳模是怎样评选出来的？如何才能成为劳模？

二维码 2-2-1　探秘：如何评选出劳模？怎样能成为劳模？

---

① 来源：新华社，2020-11-25，有改动。

表彰了多少劳模?

"伟大出自平凡,英雄来自人民。"一个国家的非凡成就,总是由点点滴滴的平凡人物的劳动汇集而成。在社会主义建设的各个时期,以劳模为代表的广大工人阶级始终不忘初心、牢记使命,用平凡的双手创造不平凡的梦想。

2020年表彰全国劳动模范和先进工作者大会筹备委员会(筹委会)办公室主任、全国总工会党组书记、书记处第一书记李玉赋介绍,党和国家历来高度重视评选表彰劳动模范,1950年至今先后召开16次表彰大会,表彰全国劳动模范和先进工作者超30000人次。

据介绍,从20世纪90年代开始,全国劳模表彰大会每5年召开一次,受新冠肺炎疫情影响,原计划今年"五一"国际劳动节前夕召开的全国劳模表彰大会因此推迟。

24日召开的全国劳动模范和先进工作者表彰大会共表彰2493名人选,其中全国劳动模范1689名、全国先进工作者804名;企业职工和其他劳动者1192人,占总人数的47.8%;农民500人,占20.1%;机关事业单位人员801人,占32.1%。

李玉赋表示,与往届相比,此次表彰提高了一次性奖金标准,同时还重新设计了奖章。新设计的奖章,通径从55mm扩大到60mm,凸显了劳动最光荣、劳动最崇高、劳动最伟大、劳动最美丽的理念,彰显了各行各业劳动模范和先进工作者的示范引领作用。

劳模是怎样评选出来的?

劳模评选是一项极其复杂严肃的工作。以此次评选工作为例,2020年1月,中共中央办公厅、国务院办公厅印发通知,对相关工作作出部署。党中央、国务院专门成立2020年表彰全国劳动模范和先进工作者大会筹备委员会。

李玉赋介绍,筹委会办公室发挥统筹协调作用,各相关部门和成员单位积极协同配合,扎实推进各项工作。

2月,制定印发《推荐评选工作有关政策说明》,指导各单位做好人选推荐工作。

3月,召开筹委会办公室会议,根据疫情防控实际情况研究部署工作,指导各单位上报推荐材料并进行初审。

5月,基本完成初审工作。

6月,指导各地认真做好省级公示及后续工作。

7月,基本完成复审工作。

10月15日至19日,在人民日报进行为期5天的全国公示。

10月21日，中央领导同志主持召开筹委会全体会议，听取大会筹备工作情况汇报，审议通过拟表彰人选名单，对高标准高质量完成各项工作任务提出明确要求。

11月，将拟表彰人选名单呈报党中央、国务院审定。其中，如何确保评选表彰工作公开、公正、公平？"严格执行'两审三公示'程序，即实行初审、复审两次审查，在所在单位、省级和全国进行三级公示。在推荐审核所有工作环节中，严格评选标准，严肃评选纪律，认真处理举报事项，该调整的调整，该拿下的拿下，确保人选能够树得起、立得住，经得起检验。"李玉赋说。

如何才能成为劳模？

"爱岗敬业、争创一流、艰苦奋斗、勇于创新、淡泊名利、甘于奉献"，这是劳模精神，也是成为劳模的必备条件。如今，我国经济已进入高质量发展阶段，需要更多知识型、技能型、创新型劳动者，只要有想法、肯干事、敢创新，任何人都有机会成为劳模。

受表彰需要符合哪些条件？

李玉赋说，此次受表彰人选符合党中央、国务院确定的推荐评选条件，具有以下三个突出特点：

一是具有很强的政治性和先进性。人选都经过各级党委和有关部门认定，基本上具有省部级表彰奖励的荣誉基础，并且近5年来特别是党的十九大以来创造了突出业绩，其中有200余人在脱贫攻坚领域作出了突出贡献，有358人享受国务院政府特殊津贴。

二是具有广泛的代表性和群众性。受表彰人员中，中国共产党党员2015名；民主党派和无党派人士158名；女性578人，占23.2%；少数民族226人，占9.1%。人选基本涵盖各个领域和行业，尤其是来自基层一线的比例较高，其中一线工人和企业技术人员847人，占企业职工和其他劳动者的71.1%，比原定比例高出14.1个百分点；进城务工人员216人，占农民人选的43.2%，比原定比例高出18.2个百分点；科教等专业技术人员、科级及以下干部661人。

三是选树了一批抗疫先进典型。按照筹委会统一部署和要求，推荐评审出300名奋战在抗击新冠肺炎一线的先进个人，他们逆行出征、无私无畏，作出了突出贡献。

"今后要更加关心关爱劳模和工匠人才，加强服务管理工作，为他们发挥作用创造更好的条件，推动更多劳模和工匠人才竞相涌现。"李玉赋说。

第三节　工匠精神

一、工匠的概念及中国工匠精神的时代内涵

自古有云"三百六十行，行行出状元"，工匠就是"三百六十行"中的"状元"。从"工匠始祖"鲁班发明锯子到东汉张衡发明地动仪，从李冰主持修建的都江堰到世界十大奇迹之一的万里长城，从"两弹一星"到载人航天工程取得的辉煌成就，无一不凝结着中国工匠的心血和智慧，蕴藏其间的工匠精神源远流长，成为中国优秀文化传承中浓墨重彩的一笔。

（一）工匠的概念

在《辞海》中，工匠指的是"手艺工人"，在《现代汉语词典》中，工匠的解释为"有工艺专长的匠人"。也就是说，那些在某一方面有较高造诣或者手艺娴熟的人被称为工匠。他们是各行业领域具有一定专长的优秀人物代表，在工作实践中，既要传承高超的技术技艺，又要传递敬业、专注、执着、创新的精神。

中国历史上，工匠最早出现于周朝。据《逸周书·文传解》记载："山以遂其材，工匠以为其器，百物以平其利，商贾以通其货。"可见在当时，"工匠"特指木匠这一群体。东汉时期，许慎将工匠分为"工"和"匠"，在《说文解字》中将其定义为："工，巧饰也。""匠，木工也。"

随着人类文明的发展，工匠一词的含义逐渐发生了变化。从开始的仅仅指木匠，演变成泛指一切有技艺的劳动者。工匠的内涵是"工"与"匠"内涵的融合，在社会主义事业建设进程中形成了自己独特的时代风貌，从单一的职业属性深入到工作品质、精神追求等方面。换句话说，当代的工匠是指经过长期的技能学习后，全身心投入到某一领域的生产过程，对产品质量严格把关，不断提高自己的技艺，形成完整的技术操作程序，同时展现出一种恪尽职守、精益求精的态度。

（二）中国工匠精神的时代内涵

有人说："专注是工匠精神的关键，标准是工匠精神的基石，精准是工匠精神的宗旨，创新是工匠精神的灵魂，完美是工匠精神的境界，人本是工匠精神的核心。"也有人说："工匠精神是实用理性下的创新精神、艺术审美下的求精精神和经验主义下的科学精神。"我们发现其实很难对工匠精神下一个准确的定义，在各个历史时期，工匠精神的内涵也不尽相同。

目前，中国特色社会主义进入新时代，处于从制造大国向制造强国转变之际，政府提出了"中国制造2025"计划，工匠精神也将再次绽放出独特的魅力。

工匠精神是一种职业精神，是职业品质、职业能力和职业道德的体现，进一步说，工匠精神内化于德，凝结于技，外化于物。工匠精神的传承与发扬，必须从国情出发，因此，准确地把握新时代中国工匠精神的内涵具有重要意义。对当代中国而言，在新征程上，工匠精神的时代内涵具体如下：

1. 执着专注

"天行健，君子以自强不息"。一个有才有德的人，就如同乾阳之天的运行一样，不息、自强。人们在工作中往往会遇到无数的困难和挫折，这时不轻言放弃，再坚持一下，再专注一点，相信自己的选择，就可能赢来胜利的曙光。

真正的工匠精神，来自于几十年如一日的重复。优秀和平庸的差别，在于如何对待重复。如果不懂得专注和坚持，就无法甘于寂寞，潜心钻研，在行业内做出成绩。一流的匠人，用一流的心性修身、修技、修心，用修行的价值观代替浮躁功利，坚定执着，用心做事，享受那些作品创作中的快乐和成就感。

著名企业家张瑞敏说过："坚持把简单的事情做好就是不简单，坚持把平凡的事情做好就是不平凡。"技术没有捷径，也没有止境，择一事，终一生，以不息为体，以日新为道，在平凡中做出不平凡的坚持。坚持下去，跬步能行千里；坚持下去，小流汇成江海。

案例：他一生"守望"莫高窟还是看不够，耄耋之年仍蹒跚"绣"壁画①

1956年春天，来自山东20出头的高中生李云鹤与他的几位同学响应号召，在前往"支援新疆建设"途中，特意在敦煌停留几天，探望在莫高窟工作的舅舅。期间，偶遇敦煌文物研究所所长常书鸿先生（后为敦煌研究院首任院长），并在其劝说下最终扎根在了敦煌。

此后在世界文化遗产地敦煌莫高窟，无论春夏秋冬，总能看到穿着深蓝色工作服的李云鹤，他提着手电筒，背着磨得发亮的工具箱，穿行在莫高窟各个洞窟之间。

国内石窟整体异地搬迁复原成功的第一人，国内运用金属骨架修复保护壁画获得成功的第一人，国内原位整体揭取复原大面积壁画获得成功的第一人……60多年来，他修复壁画近4000m²，修复复原塑像500余身，多项研究成果为中国"首创"。面对所获的

① 来源：中国新闻社，2018-09-06。

诸多殊荣，当年意气风发的毛头小子已成为走路蹒跚的耄耋老人，但他依然看不够"守望"了一生的世界文化遗产莫高窟。

相较于日渐衰老的李云鹤，因此前长时间遭受劫难而在当年满目疮痍的莫高窟，如今逐渐摆脱病患并"转危为安"。在他的精雕细琢下，一幅幅起甲、酥碱、烟熏等病害缠身的壁画，一个个缺胳膊少腿、东倒西歪的塑像，奇迹般地"起死回生"、光彩照人。

2. 精益求精

《诗经·国风》曰："如切如磋，如琢如磨。"宋朝朱熹对这句话进行了注解："言治骨角者，既切之而复磋之；治玉石者，既琢之而复磨之；治之已精，而益求其精也。"意思是古代工匠在劳作过程中，对每一件作品都会精雕细琢，反复打磨。然而随着全球工业革命的兴起，大机器生产逐渐取代了手工业生产，现代机械工业对细节和精度提出更高的要求，"精益求精"的概念从手工业生产领域延伸到各行各业，强调细处见大，细节决定成败。

精益求精，是工匠对极致的追求，即"没有最好，只有更好"，拿出拼搏的劲头，花时间下苦功夫，孜孜以求，才有望到达从 99% 到 99.9%，再到 99.99% 的境界。

我们若是敢于探索未知，挑战自我，将精益求精内化于心，养成凡事全神贯注、全力以赴的习惯，就能做到从心所欲不逾矩，一步一个脚印走得更稳更远。

案例：练就手眼神功，装配精确到"丝" [1]

深海载人潜水器有十几万个零部件，组装起来最大的难度就是密封性，精密度要求达到了"丝"级，而在中国载人潜水器的组装中，能实现这个精密度的只有钳工顾秋亮，也因为有着这样的绝活儿，顾秋亮被人称为"顾两丝"。

0.2 丝，只有一根头发丝的 1/50。用精密仪器来控制这么小的间隔或许不算难，可难就难在载人舱观察窗的玻璃异常娇气，不能与任何金属仪器接触。因为一旦摩擦出一个小小的划痕，在深海几百个大气压的水压下，玻璃窗就可能漏水，甚至破碎，危及下潜人员的生命。因此，安装载人舱玻璃，也是组装载人潜水器里最精细的活儿。

---

① 来源：央视网，2015-05-01。

除了依靠精密仪器，更重要的是依靠顾秋亮自己的判断。

用眼睛看，用手摸，就能做出精密仪器干的活儿，顾秋亮并不是在吹牛。即便是在摇晃的大海上，他纯手工打磨维修的潜水器密封面平面度也能控制在两丝以内。

目前在中国，深海载人潜水器有两个，组装工作都是由顾师傅牵头。4500m 载人潜水器或许是他组装的最后一台潜水器，载人舱的玻璃装好了，他还是那么精细，那么专注，反复确认它的安全性。

乘坐"蛟龙"号去深海的中国科考人员告诉记者，每次下潜前，顾秋亮都要亲手关闭安全阀门，并向舱里的人们打个手势。这个手势，会让科考队员们格外安心，因为顾秋亮代表着最严格的工艺标准，最苛刻的质量尺度，最一丝不苟的职业态度。靠品质赢得信任，靠敬业树立口碑，大国工匠的水准应该成为我们的社会共识。

3. 一丝不苟

劳动没有高低贵贱之分。无论我们从事什么劳动，只要做到干一行、爱一行、钻一行，就能在平凡的岗位上干出不平凡的成绩。

一丝不苟可以分为两个层面：一是求真务实；二是严谨细致。求真务实，意味着杜绝浮躁，稳扎稳打，真抓实干，实事求是，专注于自身专业技术的研究；严谨细致，就是对待工作兢兢业业，刻苦钻研，倾注匠心，保持认真、踏实的工作作风，做好每一件小事，不放过任何一个细节。

案例：危险的工作总要有人干[①]

徐立平，男，汉族，1968 年 10 月生，中共党员，中国航天科技集团有限公司第四研究院固体火箭发动机装药总装厂固体火箭发动机燃料药面整形组组长。

30 多年来，徐立平心怀航天强国梦，坚守在极其危险的固体火箭发动机燃料药面整形岗位，为火箭上天、导弹发射、神舟遨游、嫦娥探月等重大任务"精雕细刻"，让一件件大国重器华丽绽放，被誉为雕刻火药的"大国工匠"。

他是航天危险岗位的技能专家。固体火箭发动机是运载火箭和导弹装备的"心脏"，为火箭和导弹飞行提供动力。

30 多年来，徐立平一直用心做着一件事——用特制的刀具为火箭固体燃料药面进

---

① 来源：人民日报，2021-07-16。

行微整形。这是一道极为精细和极度危险的工序，每一刀的精确程度，直接影响着导弹的飞行轨道和精准射程，稍有不慎就会燃烧爆炸，操作人员安全逃生概率为零。他完成的固体火箭发动机燃料药面整形产品始终保持着100%的合格率、安全事故为零的纪录。0.5mm，是固体发动机燃料药面精度允许的最大误差，而徐立平操作的精度达到0.2mm。数不清的极致精细和急难险重任务，将他一步步磨炼成为我国固体推进剂整形技术领域的领军人物之一。

他是基层一线车间的创新达人。徐立平设计、发明和改进了30多种刀具，获得9项国家专利，其中一种刀具被命名为"立平刀"。

他编写了20余种工艺规程和标准，带领班组完成30多项技术革新，在保证航天产品质量、提高生产效率等方面作出突出贡献。他无私传技，带领"徐立平班组"多名青年职工成长为国家级技师。

他是紧急关键时刻的无畏先锋。1989年，我国某重点型号即将试车的发动机出现燃料药面脱粘。徐立平主动请缨，加入突击队。他和其他突击队员忍受浓烈气味，轮流进入空间狭窄、装满成吨推进剂的发动机壳体内半躺半跪进行作业，历时2个多月，挖出300多公斤推进剂，成功排除故障。任务完成后，徐立平的双腿疼得很长一段时间无法正常行走。

30多年来，徐立平的匠心情怀始终不曾改变。100%可靠、100%成功，是他交出的报国答卷。他说，每当看到自己精心操作的产品呼啸苍穹，心中的自豪是任何东西都换不来的，只要国家和事业需要，就会一直做下去。

4. 追求卓越

弘扬工匠精神意味着追求卓越、敢于创新，向更高、更强、更精的方向前进。近年来，随着我国经济步入新形态，"创新""创新发展""创新驱动"成为中国新时代发展的主旋律。创新为推动国家、民族发展提供源源不断的动力，而一个民族的创新又离不开技艺的创新。在现代工业条件下，新时代对技艺提出了越来越高的要求，工匠不仅要有娴熟的技能，还要有技术的创新。研发一个产品，改革一项技术，更新一道工艺，都需要工匠的创新技艺参与其中。《大国工匠》纪录片中的那些大匠就是最好的例证，他们具有高超的技艺，更具有强烈的创新意识和创新能力。

创新不能是无源之水、无根之木，只有执着于某一个领域，在产品上追求卓越，才能有创新。所谓"创新"，既不是标新立异，也不是因循守旧，而是继承与批判的统一体，丰富新时代工匠精神的内涵，就必须对中华优秀传统工匠精神进行传承和创新，同时吸收和借鉴国外工匠精神的有益部分。

因此，高职院校在大力弘扬工匠精神的同时，要帮助学生树立忧患意识，勇于挑战自我，提高学习的主动性和创造性，为将来走上工作岗位打下坚实的基础。

案例：深想一层，多想一步①

遥控放线飞车、更换复合绝缘子专用梯、可调式通用撑梁……走进平顶山供电公司输电运检创新工作室，各式各样的创新工器具让人眼花缭乱，它们的发明者是一位电力工人——朱玉伟。

被誉为"电力爱迪生"的朱玉伟，是国网平顶山供电公司输电带电作业班班长。他扎根基层，用创新屡屡突破技术瓶颈，3项成果填补了国内带电作业工具空白，在核心期刊发表论文10篇，获得授权专利26项，还带领班组成员开创了全国500kV输电线路带电作业先河。

朱玉伟不仅自己热爱创新发明，还带动了更多的员工沉下心来钻研技术。"跟朱师傅一起工作，是一个学习的过程、受感染的过程。以前，遇到困难就不想干了，现在无论面对什么问题，我们总是会深想一层，多想一步。"朱玉伟的徒弟周乐超说。

工匠精神的核心要素是创新精神。工匠精神追求极致，必然要求以开放的视野吸收最前沿的创新技术，进而创造最顶尖的新成果。事实上，古往今来，热衷于创新和发明的工匠，一直是世界科技进步的重要推动力量。

拥抱创新，才能推动技艺发展，不断开辟新的道路。2016年以来，全国职工提出技术革新项目214.5万项、发明创造项目80.8万项，大大提升了生产效率，产生了巨大的经济社会效益。

（三）国外工匠精神简述

西方文化下的工匠精神经历了从古希腊到中世纪，再到文艺复兴时期的漫长过程，终于占领一席之地，将科学与艺术及技术相结合，将职业精神与宗教精神相结合，发挥科学精神的作用，继承和渗透到各行各业乃至整个社会。国外对工匠精神的研究主要集中在20世纪60年代，典型代表有德国、日本等。

---

① 来源：光明日报，2021-02-15。

"德国制造"以精密优良而闻名于世界，无论是在高端制造领域，还是在传统的工艺制造领域，都显示出惊人的全球竞争力。德国学者罗多夫曾用三个字概括德国工匠精神：一是"慢"，稳健在前，速度在后；二是"专"，专注于某一个领域，专注于某一个单品，精耕细作，做到极致；三是"新"，不断创新，研发新产品，即使是小企业也有独立的研发部门。敬业、诚信、严谨、精进的德国工匠精神，不仅促进了德国制造业的可持续发展，也在社会变革中逐步演化成德国民族精神的一部分。

日本的工匠精神在明治维新后进一步推崇匠人文化，认为尽全力从事职业工作是忠诚与孝道的表现，因此日本的工匠精神又被称为匠人精神。日本思想家冈田武彦先生在其著作《崇物论》中写道："相对于西方的制物文化，日本文化就是一种崇物文化。崇物二字是神与人代代相传的真正秘诀。"这种将人与物同等待之的崇物文化强调实用主义和行动主义的重要性，工匠的地位也比较高。此外，日本工匠精神还有一大特点就是家族传承式的培养。在培养过程中，学徒会深入了解每个家族的核心理念，使技术得到高质量的传承。例如中里家族作为唐津烧陶艺派系的代表家族，十三代人坚持只做制作陶器这一件事情。

二、工匠精神的培育与践行

我国是世界制造业第一大国，在世界 500 多种主要工业产品中，有 220 多种工业产品的产量位居世界第一，但制造业大而不强，经济转型升级迫在眉睫。在中国制造向中国创造转变、中国速度向中国质量转变、中国产品向中国品牌转变的背景下，"工匠精神"四个字意义重大。弘扬工匠精神，让工匠精神成为中国制造品质的精神动力，有利于持续提升中国制造的技术能

二维码 2-3-1 在生产劳动中砥砺"工匠精神"

力和核心竞争力，从而实施创新驱动发展战略，加快建设制造强国，但是工匠精神培育是一个系统工程，非一朝一夕能够完成。我们要造就一支有理想守信念、懂技术会创新、敢担当讲奉献的宏大产业工人队伍，只有整合社会、学校和学生三方的力量，才能为工匠精神的培育厚植人才沃土，助推国家发展。

（一）营造良好的社会环境

为实现中华民族伟大复兴的中国梦，将大国工匠精神薪火相传，离不开良好的社会风气。

1. 加强工匠精神的舆论宣传

新闻媒体是弘扬工匠精神、践行社会主义核心价值观的主要阵地，强化舆论宣传，有利于充分发挥优秀工匠的示范引领作用，营造尊重工匠精神、崇尚工匠精神的社会风气。通过传统媒体、新媒体以及自媒体，建立长效的宣传机制，从选树活动、举荐、评选、评审、认定和表彰等各个环节，大力宣传工匠精神，讲好工匠故事，树立劳模、工匠的优秀典型，使工匠精神成为社会主流价值观，形成广泛重视和支持技能人才工作的良好局面，各行各业劳动者理解和认同工匠精神，内化为一种自觉追求的职业信念。

2. 加强工匠精神的制度保障

新时代对工匠精神的呼唤，要求国家从制度层面给予支持和保障，完善工匠精神培育相关的法律制度。首先，要完善就业促进法律制度。发挥政府的指导作用，构建劳动力市场的正常进退机制，使工匠精神培育所要求的劳动关系正常流动。其次，要完善职业教育培训法律制度。以法律为依据，保证职业技能培训和技能考核评价的可靠性和公平性。再次，要完善市场监管制度。通过建立长期有效的管理机制，加大对制造出售假冒伪劣商品等违法行为的打击力度，加大对知识产权的保护力度，实现各行各业公平有序竞争，让劳动者获得成就感，消费者获得安全感，企业愿意投入生产，工匠精神成为一种社会自觉。

3. 加强工匠精神的企业支持

培育和践行工匠精神离不开企业的支持，企业可以从以下三方面实施：助力员工的职业技能提升，建立校企紧密合作办学机制，与学校共建共管共育，提前培养适合本企业的人才，也可根据企业需要制定课程，为员工提升职业技能搭建培训平台，实现企业发展与员工成长的双赢；改革员工的技能评价方式，在国家职业技能标准、行业企业评价规范的体系下，企业可以根据自身实际需求，制定工人技能评价标准，合理定级，评价考核不唯学历和资历，强调突出品德、能力和业绩，灵活运用多种评价手段；健全表彰和激励机制，在企业内部，构建尊重人才、重视人才的企业文化，坚持开展劳动技能竞赛，选拔优秀的技能人才，通过展现其劳动风采，发挥他们的模范带头作用，建立"传帮带"机制，提升企业的整体职业技能水平。对于高水平技能人才，企业要重点表彰，从物质和精神两方面给予奖励，鼓励大家向劳动模范学习，形成崇尚工匠精神、尊重工匠劳动成果的风气。

（二）发挥学校的主导作用

1. 鼓励政校企三方合作

高职院校培育工匠精神，就要为学生提供更广阔的平台施展才华。鼓励学校和政府合作共建教学实践基地，由政府牵头实施中外职业院校合作办学项目，实现双方资源共享和优势互补。学校要主动联系企业，促进校企合作，培养针对企业需求的应用型技术人才，将践行工匠精神落到实处。高职院校还可根据本校特色，建设劳动教育实践基地，开放劳动体验场所，促进学生对劳动安全、劳动认知等课程内容的深度理解。学校在开展劳动教育时，形式要多样化，比如举办劳动周活动，以劳动与教育有机结合的方式让学生在感悟中成长。

2. 加强相关的课程建设

推进高职院校工匠精神培育，有利于培养高质量、高水平的技能人才，落实立德树人的根本任务。第一，制定工匠精神培育目标，合理设置课程。以课堂为主渠道传播工匠精神，提高学生的工匠精神认知和情感认同，同时在各学科的课程思政中渗透工匠精神，激发他们自觉践行。第二，提高教师的师德水平，打造"双师型"教师团队。在生活中自觉修身修为，除了传道解惑之外，还要把包含工匠精神在内的精神素养传递给学生，用高尚的人格、模范的言行影响他们。第三，增加实训室和实训基地数量，课堂理论实践化。通过优化课堂教学环境，将价值塑造、知识传授和能力培养融为一体，实现全员、全过程、全方位育人。

3. 营造校园的育人氛围

校园是高职院校学生在读期间生活的地方，营造良好的校园育人氛围，弘扬爱岗敬业、诚实劳动的校园文化，可以帮助学生树立正确的价值观，使其对崇德尚技文化认可和追随，从而不断精进技术，为国家和社会贡献自己的力量。学校可以针对不同的学生群体开展各类实践活动，搭建常态化的技能比拼平台，定期安排老师进行指导，形成师生参与、全员合作的互助氛围。学生置身于能切实感受劳动精神和匠人情怀的环境中，既享受劳动带来的乐趣，又巩固劳动的果实，为将来走向社会储备能量。

（三）争做优秀的技能人才

高职院校培育和践行工匠精神，不仅要优化外部环境，还要依靠学生发挥自身的主观能动性，通过工匠精神培育意志品质、实践能力，坚持刻苦钻研、摸索总结，为将来做一名优秀的技能人才打下坚实的基础。

1. 树立正确的职业观

工匠精神包含着工匠对自身职业深切的热爱和经年累月的付出。没有一步登天的成功，每一个行业的工匠背后都有着不为人知的奋斗故事。树立正确的择业观和就业观，相信自己的职业选择，坚持在职业活动中兢兢业业，潜心修行，在技术上努力钻研，反复实践，不害怕失败，也不轻易放弃，争取在平凡的岗位中做出不平凡的业绩，成为一名真正的工匠，传承并发扬工匠精神。

2. 积极主动学习专业

高职学生在学校期间，要找到职业兴趣，化被动为主动，认真学习专业知识，积极与学校老师、行业企业指导老师交流，将工匠精神内化于心；课外通过不断的实践，领悟专业知识的精髓，将工匠精神外化于行。而且要有意识地训练自己专注于精益求精的技能练习，熟能生巧，做到极致，在实践中体会工匠们对职业的高度忠诚和执着专一。

3. 胸怀爱国敬业情怀

高职学生要有一颗平常心看待劳动工作中的得与失，在思想上树立匠心意识，不断深化对工匠精神的认识，朝着成为优秀技能人才的目标而努力。在校期间，多参加人文素质课程的学习，养成"学一行、爱一行、专一行"的习惯，提高自己对艺术的审美情趣，从别人和自己的作品中感受爱家、爱校、爱国的情怀，把爱国转化为报国的行为，在优秀文化的历史传承中发扬工匠精神、践行工匠精神。

小结

大力弘扬劳模精神、劳动精神、工匠精神，既是新中国成立以来我们党领导人民不断创造辉煌成就的重要原因，也是在新时代推动经济高质量发展的必要条件。目前，我们已经处于全面建设社会主义现代化国家的新征程上，深刻理解劳模精神、劳动精神、工匠精神的丰富内涵，把握三种精神之间的辩证关系，对于学习贯彻习近平总书记在全国劳动模范和先进工作者表彰大会上的重要讲话精神，进一步弘扬和践行劳模精神、劳动精神、工匠精神，具有重要的意义和价值。作为当代中国大学生，要充分发挥主力军作用，相信劳动创造幸福，实干成就伟业，敢想敢干，敢于追梦，投身于实现中华民族伟大复兴中国梦的事业中，打拼出自己的一片天地。

实践任务安排

　　以 4~6 人小组为单位，收集有关工匠精神的资料，绘制以"工匠精神"为核心的思维导图，结合平时的劳动花絮视频，在班级里开展一次工匠精神主题班会。

知识拓展

华夏建筑的传世绝响——浓缩中国古代建筑史的《清代样式雷图档》[①]

二维码 2-3-2　样式雷的传奇故事

　　《清代样式雷图档》是清代雷氏家族设计绘制的建筑图样及相关档案文献，全部为手工绘制。"样式雷"是对清代主持皇家建筑设计的雷姓专家的誉称。雷氏家族自清康熙年间开始直至清末的 200 余年间，曾主持设计修建及重修的皇家建筑有故宫、天坛、圆明园、颐和园、承德避暑山庄、清东陵、清西陵等，其中部分被列入世界文化遗产，这充分证明了《清代样式雷图档》所具有的世界意义。该文献是唯一系统留存下来的中国古代建筑工程资料，是研究、复原清代皇家建筑的原始档案。《清代样式雷图档》覆盖地域包括北京、天津、河北及部分清代皇家行官所在地，其中有选址勘测图、地盘图、建筑糙样、建筑准底样、现做活计图、已做活计图、平面图、剖面图、立面图、装修图、做法说贴、随工日记等。该文献记载了清代皇家建筑工程的情况，反映出清代建筑规制、建筑设计技术和建筑施工技术，折射出清代政治、经济、文化等方面的情况，对于研究中国清代历史、古代科技史、建筑史，特别是清代建筑的保护、复原等都具有重要价值。

　　从清康熙至清末的 200 余年间，雷氏家族为皇家建筑倾注了几代人的智慧和心血，创造出了举世瞩目的建筑。中国被列入世界文化遗产的古代建筑，有五分之一建筑设计都是出自雷氏家族。他们以登峰造极的技艺和传承家族手艺的坚守，成为华夏建筑的传世绝响。

[①] 来源：中国档案报，2020-08-21。

第三章
劳动安全与劳动法规

引导语

　　劳动者是生产力的决定性因素，守护劳动者的生命健康和安全，对经济、社会发展有着重要的意义。"积羽沉舟，群轻折轴"，预防工伤事故和职业病的发生，要从细微处着眼，从点滴小事做起，从源头管控抓起。防范工作越到位，劳动者的人身安全和身心健康越能得到保障。在劳动过程中，作为劳动者，可能面临各种风险，因此有必要了解劳动安全健康的相关法律、法规，以及劳动者享有的劳动安全健康权利和应该承担的义务，懂得用法律的武器捍卫自己的合法权益。

知识导览

劳动安全与劳动法规
- 劳动保护
  - 劳动保护概述
  - 劳动安全
  - 劳动卫生
  - 劳动禁忌
- 劳动法规
  - 劳动法规的立法宗旨
  - 与劳动合同有关的法律规定
  - 与工资有关的法律规定
  - 与社会保险有关的法律规定
  - 与就业促进有关的法律规定
  - 部分劳动法规的介绍
- 劳动者权益
  - 劳动者的合法权利
  - 劳动者应履行的义务
  - 劳动者的工作时间

第一节　劳动保护

一、劳动保护概述

《中华法学大辞典（劳动法学卷）》中将劳动保护定义为：对劳动者在生产（工作）过程中的安全和健康的保护。主要包括改善劳动条件、预防工伤事故和职业病、保证休息时间和休假、对女职工和未成年工的特殊保护、劳动保护的管理与监察等法律规范。劳动法中的劳动保护是基于劳动法律关系而产生的劳动保护关系，不同于社会上一般的安全、防病及卫生保健工作。

二维码 3-1-1　疫情期间的劳动保护

劳动保护是我国的一项基本国策，涉及广大劳动人民的切身利益，在发展社会主义经济、影响社会安定方面有着举足轻重的作用。因此，把劳动保护工作贯穿生产的全过程，能有效减少事故发生和人身伤害，降低财产损失，保障安全生产和文明生产。

二、劳动安全

劳动安全是指为保护劳动者在生产劳动过程中的安全，防止或消除伤亡事故所采取的各种安全措施。目的是防止危及劳动者人身安全的事故发生，保障劳动者在生产劳动过程中的人身安全，免受职业伤害。我国基于此制定了劳动安全技术规程，包含机器设备的安全、电器设备的安全、锅炉压力等容器的安全、建筑工程的安全、交通道路的安全，要求企业必须按照劳动安全技术规程操作，保护劳动者的劳动安全。

（一）安全标志

安全标志由安全色、几何图形和图形符号三部分构成，表达特定的安全信息。安全标志的作用在于提醒工作人员预防危险，避免事故发生；当危险发生时，能够指示人们尽快逃离，或者采取正确的措施，对危害加以遏制。其中，安全色是指传递禁止、警告、指令、指示等安全信息含义的颜色，具体规定为红、黄、蓝、绿四种颜色，对比色是黑白两种颜色。红色表示禁止、停止、危险以及消防设备（图3-1-1）；黄色表示提醒注意、警告（图3-1-2）；蓝色表示必须遵守的指令（图3-1-3）；绿色表示允许、安全（图3-1-4）。对比色则是使安全色更加醒目的反衬色，比如公路、交通等方面用红白相间条纹表示防护隔离（图3-1-5）；蓝白相间条纹表示指示性导向（图3-1-6）；黄黑相间条纹表示提醒人们特别注意（图3-1-7）；绿白相间条纹表示更为醒目（图3-1-8）。

安全标志可以分为禁止标志、警告标志、指令标志和提示标志四大类。禁止标志表示不准或制止人们的某种行为；警告标志表示使人们注意到可能会发生的危险；指令标志表示必须遵守，用来强制或限制人们的行为；提示标志表示示意目标的地点或方向。

图3-1-1　红色　　　　　　　　　　　图3-1-2　黄色

图3-1-3　蓝色　　　　　　　　　　　图3-1-4　绿色

应用于交通运输等方面　　　　固定禁止标志
的防护栏杆及隔离墩　　　　　的标志杆上的色带

图3-1-5　红白相间

应用于道路交通的指示性导向标志　　固定指令标志的标志杆上的色带

图3-1-6　蓝白相间

移动式起重机的外伸腿、起重臂端部、起重吊钩和配重　剪板机的压紧装置；冲床的滑块等有暂时或永久性危险的场所或设备　固定警告标志的标志杆上的色带　应用于固定提示标志杆上的色带

图 3-1-7　黄黑相间　　　　　　　　　　图 3-1-8　绿白相间

　　禁止标志的几何图形是带斜杠的圆环，其中圆环与斜杠相连，用红色；图形符号用黑色，背景用白色（图 3-1-9）。

　　警告标志的几何图形是黑色的正三角形，黑色图形符号，黄色背景（图 3-1-10）。

　　指令标志的几何图形是圆形，白色图形符号，蓝色背景（图 3-1-11）。

图 3-1-9　禁止标志

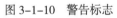

图 3-1-10　警告标志

图 3-1-11　指令标志

提示标志的几何图形是方形，白色图形符号及文字，绿色背景（图3-1-12）。

补充标志是对禁止、警告、指令、提示四种标志的补充说明，分为横写和竖写两种。横写的文字辅助标志写在标志的下方，可以和标志连在一起，也可以分开，用于禁止标志的用红底白字，用于警告标志的用白底黑字（图3-1-13）；竖写的文字辅助标志写在标志杆的上部，均为白底黑字（图3-1-14）。

图 3-1-12　提示标志

图 3-1-13　补充标志横写

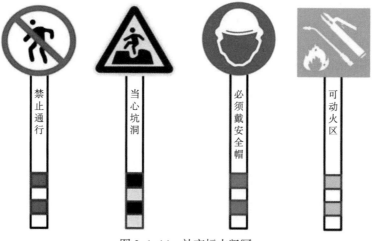

图 3-1-14　补充标志竖写

（二）危险源

危险源是指可能导致人身伤害或疾病、财产损失、工作环境破坏或这些情况组合的根源、状态或行为。危险源在没有触发之前是潜在的，常常不被人们所发现和重视。危险源辨识就是发现、辨识系统中危险源的工作，是危险源控制的基础，只有辨识了危险源之后才能有的放矢地考虑如何采取措施控制危险源。

根据能量意外释放理论，危险源分为第一类危险源（根源危险源）和第二类危险源（状态危险源）。第一类危险源是指在生产过程中存在的，可能发生意外释放的能量或危险物质。例如：工作中的发电机、变压器、油罐；强烈放热反应的化工装置；各种有毒、有害、可燃易爆物质。第二类危险源是指导致能量或危险物质约束和限制措施破坏或无效的各种因素，包括人的不安全行为、物的不安全状态、环境因素、管理因素。例如：违反操作规程，进入危险区域；生产系统、安全装置、辅助设施及其元器件由于性能低下不能实现预定功能；作业环境通风换气差；管理制度不健全。

一起事故的发生往往是两类危险源共同作用的结果。第一类危险源是事故发生的能量主体，决定事故后果的严重程度；第二类危险源是事故发生的必要条件，决定事故发生的可能性大小。两类危险源相互关联、相互依存：第一类危险源的存在是第二类危险源出现的前提；第二类危险源的出现是第一类危险源导致事故的必要条件。危险源辨识的首要任务就是辨识第一类危险源，在此基础上再辨识第二类危险源。

20 世纪 70 年代以来，国际社会广泛关注重大工业事故的预防问题，随之产生了重大危险源的概念，也称为重大危害设施。我国从 2019 年 3 月 1 日起实施《危险化学品重大危险源辨识》GB 18218—2018，规定了辨识危险化学品重大危险源的依据和方法，适用于所有生产、储存、使用和经营危险化学品的生产经营单位。

我国是危险品生产和使用大国，而危险化学品运输车辆是流动的重大危险源，危险化学品运输事故不同于一般运输事故，往往会带来燃烧、爆炸、泄漏等严重后果，造成经济损失、环境污染、人员伤亡等一系列问题。

案例：荣乌高速山东莱州段 2015 年"1·16"事故 [①]

时间：2015 年 1 月 16 日

地点：荣乌高速烟台莱州段

---

① 来源：环境健康安全网，2020-06-15，有改动。

经过：一辆小型面包车因桥面结冰侧滑失控，与路中心护栏碰撞。后方驶来的一辆重型罐式货车采取避让措施时车辆侧滑失控，右前部与小型面包车左后部相撞后，又与路中心护栏碰撞后斜停在快车道内。后方同向驶来的大型普通客车也侧滑失控，右前部与重型罐式货车左后部相撞，导致重型罐式货车后下部防护装置及卸料管损坏，所载汽油发生泄漏，在重型罐式货车驾驶人下车手工操作关闭罐体紧急切断装置时，泄漏的汽油起火燃烧并顺桥面向西南方向蔓延。

此时，后方同向驶来的一辆小型越野客车（核载5人，实载2人）制动不及与大型客车左侧中前部碰撞后，反弹至火场中。

后果：事故造成12人死亡、6人受伤。

暴露问题（重型罐式货车）：

1. 车辆上道路行驶前没有关闭紧急切断阀，导致发生追尾碰撞事故后大量汽油泄漏。

2. 车辆罐体实际容积与车型公告不一致，超过车型公告容积约$6m^3$，属于"大罐小标"。

3. 车辆核载16.23t，实载19.5t，超载运输。

4. 运输有限公司危险货物运输安全管理制度形同虚设，对挂靠车辆挂而不管，对挂靠车辆驾驶员未进行安全教育培训，致使肇事重型罐式货车长期存在重大安全隐患。

5. ××公司未取得强制性产品认证，非法生产并销售肇事重型罐式货车罐体。

6. 装卸管理人员不具备从业资格，未严格落实危险化学品充装查验制度，违规为肇事重型罐式货车超载充装汽油。

目前，针对各种危险源开发出的危险源辨识方法有几十种之多，如安全检查表、预危险性分析、危险和操作性研究、故障类型和影响性分析、事件树分析、故障树分析、LEC法、储存量比对法等。只有全面系统地辨识危险源，才能熟悉潜在的危害因素，知道如何防止其发生，发生后如何应对，使企业的生产劳动得以顺利进行。

（三）事故隐患

"事故隐患"是与安全生产有关的隐患，所以在劳动生产过程中出现的事故隐患也简称为"隐患"。2008年，国家安全生产监督管理总局颁布实施的《安全生产事故隐患排查治理暂行规定》定义"事故隐患"为：生产经营单位违反安全生产法律、法规、规章、标准、规程和安全生产管理制度的规定，或者因其他因素在生产经营活动中存在可能导致事故发生的物的危险状态、人的不安全行为和管理上的缺陷。从定义上看，事故隐患恰与第二类危险源相吻合，也就是说，危险源包括事故隐患，事故隐患是危险源中的一种类型，是诱发能量或有害物质失控的外部因素。

《企业职工伤亡事故分类》GB 6441—1986 按照可能造成的事故类型进行分类，将事故隐患分为 20 类：物体打击、车辆伤害、机械伤害、起重伤害、触电、淹溺、灼烫、火灾、高处坠落、坍塌、冒顶片帮、透水、放炮、火药爆炸、瓦斯爆炸、锅炉爆炸、容器爆炸、其他爆炸、中毒和窒息、其他伤害。

如果按照可能造成事故的严重后果和治理难度进行分类，事故隐患可以分为两大类：一是一般事故隐患，指危害和整改难度较小，发现后能够立即整改排除的隐患；二是重大事故隐患，指危害和整改难度较大，应当全部或者局部停产停业，并经过一定时间整改治理方能排除的隐患，或者因外部因素影响致使生产经营单位自身难以排除的隐患。在《生产安全事故报告和调查处理条例》中，生产安全事故被分为特别重大事故、重大事故、较大事故和一般事故四个等级。

事故源于隐患，隐患是滋生事故的温床。开展事故隐患排查，就是全范围、全方位、全过程地去发现每一个隐患，然后采取有效手段，治理各类问题，把事故隐患消除或控制的活动。只有这样，"安全第一"才能真正实现。从这个意义上说，排查事故隐患是保障安全生产的最有效途径，既有助于落实企业安全主体责任，也有助于加强政府安全监管，综合推进安全生产工作。

（四）安全设施

安全设施是企业在生产经营活动中，将危险、有害因素控制在安全范围内，以及减少、预防和消除危害所配备的装置、设备和采取的措施。企业应该完善各种劳动安全设施，防止事故发生，保障劳动者的安全与健康。

安全设施可以分为三大类：一是预防事故设施，包括检测设施、报警设施、设备安全防护设施、防爆设施、作业场所防护设施、安全警示标志；二是控制事故设施，包括泄压和止逆设施、紧急处理设施；三是减少与消除事故影响的设施，包括防止火灾蔓延设施、灭火设施、紧急个体处置设施、应急救援设施、逃生避难设施、劳动防护用品和装备。

在安全设施的管理方面，企业的所有设施必须达到国家有关法律法规、标准规范要求的安全技术状态，运行期间定时日常强检，而且旧设施的拆除、报废和新设施的验收都要严格按照规定组织实施。

三、劳动卫生

劳动卫生，即职业卫生，是指为了预防和保护劳动者免受劳动过程中的不良劳动条件和各种有毒有害物质导致的危害，对工作环境进行识别、评估、预测和控制的一门科学。我国制定了有关劳动卫生方面的法律、法规，如《中华人民共和国职业病防治法》《工业企业设计卫生标准》等。2017 年，党的十九大报告中提出实施健康中国战略。2019 年，健康中国行动推进会发布了《健康中国行动（2019—2030 年）》等文件，将职业健康保护行动列为 15 个重大专项行动之一。

用人单位要建立劳动安全卫生制度，对劳动者进行劳动安全卫生教育和培训，员工定期接受健康检查，维护好个人职业健康监护档案。

（一）职业病概念

根据我国颁布实施的《中华人民共和国职业病防治法》第二条规定，职业病是指企业、事业单位和个体经济组织等用人单位的劳动者在职业活动中，因接触粉尘、放射性物质和其他有毒、有害因素而引起的疾病。

职业病必须满足以下四个条件：一是患病主体为企业、事业单位或个体经济组织的劳动者；二是在从事职业活动的过程中产生的；三是因接触粉尘、放射性物质和其他有毒、有害物质等职业病危害因素引起；四是在国家公布的《职业病分类和目录》里面。

（二）职业病危害因素

在生产劳动过程中，现场的工作人员可能会接触到对健康、安全和作业能力造成不良影响的因素，我们称之为"职业病危害因素"。《职业病危害因素分类目录》规定职业病危害因素包括以下几大类：粉尘（52 种）；化学因素（375 种）；物理因素（噪声、高温等共 15 种）；放射性因素（8 种）；生物因素（艾滋病病毒、布鲁氏菌等共 6 种）；其他因素（金属烟、井下不良作业条件、刮研作业共 3 种）。

不同行业、不同企业的职业病危害因素不尽相同，相对患病人数较多的职业病危害因素有：粉尘、噪声、高温、苯系物、铅、锰、镉等，其中粉尘接触较多的行业有矿业、冶炼、建材等，噪声接触较多的行业有矿业、纺织、机械制造等，高温接触较多的行业有冶炼、建筑等。

（三）常见职业病分类

现行《职业病分类和目录》（2013 年）将职业病分为 10 大类 132 种，包括 13 种尘肺病及 6 种其他呼吸系统疾病、9 种职业性皮肤病、3 种职业性眼病、

4 种职业性耳鼻喉口腔疾病、60 种职业性化学中毒、7 种物理因素所致职业病、11 种职业性放射性疾病、5 种职业性传染病、11 种职业性肿瘤、3 种其他职业病。随着工业发展和技术进步，不断有新材料和新行业出现，职业病种类也相应会增多。详见表 3-1-1。

常见职业病分类 表 3-1-1

职业病类型	分类	
职业性尘肺病及其他呼吸系统疾病	尘肺病	矽肺，煤工尘肺，石墨尘肺，碳黑尘肺，石棉肺，滑石尘肺，水泥尘肺，云母尘肺，陶工尘肺，铝尘肺，电焊工尘肺，铸工尘肺，根据《尘肺病诊断标准》和《尘肺病理诊断标准》可以诊断的其他尘肺病
	其他呼吸系统疾病	过敏性肺炎，棉尘病，哮喘，金属及其化合物粉尘肺沉着病（锡、铁、锑、钡及其化合物等），刺激性化学物所致慢性阻塞性肺疾病，硬金属肺病
职业性皮肤病	接触性皮炎，光接触性皮炎，电光性皮炎，黑变病，痤疮，溃疡，化学性皮肤灼伤，白斑，根据《职业性皮肤病的诊断总则》可以诊断的其他职业性皮肤病	
职业性眼病	化学性眼部灼伤，电光性眼炎，白内障（含放射性白内障、三硝基甲苯白内障）	
职业性耳鼻喉口腔疾病	噪声聋，铬鼻病，牙酸蚀病，爆震聋	
职业性化学中毒	铅及其化合物中毒（不包括四乙基铅），汞及其化合物中毒，锰及其化合物中毒，镉及其化合物中毒，铍病，铊及其化合物中毒，钡及其化合物中毒，钒及其化合物中毒，磷及其化合物中毒，砷及其化合物中毒，铀及其化合物中毒，砷化氢中毒，氯气中毒，二氧化硫中毒，光气中毒，氨中毒，偏二甲基肼中毒，氮氧化合物中毒，一氧化碳中毒，二硫化碳中毒，硫化氢中毒，磷化氢、磷化锌、磷化铝中毒，氟及其无机化合物中毒，氰及腈类化合物中毒，四乙基铅中毒，有机锡中毒，羰基镍中毒，苯中毒，甲苯中毒，二甲苯中毒，正己烷中毒，汽油中毒，一甲胺中毒，有机氟聚合物单体及其热裂解物中毒，二氯乙烷中毒，四氯化碳中毒，氯乙烯中毒，三氯乙烯中毒，氯丙烯中毒，氯丁二烯中毒，苯的氨基及硝基化合物（不包括三硝基甲苯）中毒，三硝基甲苯中毒，甲醇中毒，酚中毒，五氯酚（钠）中毒，甲醛中毒，硫酸二甲酯中毒，丙烯酰胺中毒，二甲基甲酰胺中毒，有机磷中毒，氨基甲酸酯类中毒，杀虫脒中毒，溴甲烷中毒，拟除虫菊酯类中毒，铟及其化合物中毒，溴丙烷中毒，碘甲烷中毒，氯乙酸中毒，环氧乙烷中毒，上述条目未提及的与职业有害因素接触之间存在直接因果联系的其他化学中毒	
物理因素所致职业病	中暑，减压病，高原病，航空病，手臂振动病，激光所致眼（角膜、晶状体、视网膜）损伤，冻伤	
职业性放射性疾病	外照射急性放射病，外照射亚急性放射病，外照射慢性放射病，内照射放射病，放射性皮肤疾病，放射性肿瘤（含矿工高氡暴露所致肺癌），放射性骨损伤，放射性甲状腺疾病，放射性性腺疾病，放射复合伤，根据《职业性放射性疾病诊断标准（总则）》可以诊断的其他放射性损伤	
职业性传染病	炭疽，森林脑炎，布鲁氏菌病，艾滋病（限于医疗卫生人员及人民警察），莱姆病	

续表

职业病类型	分类
职业性肿瘤	石棉所致肺癌、间皮瘤，联苯胺所致膀胱癌，苯所致白血病，氯甲醚、双氯甲醚所致肺癌，砷及其化合物所致肺癌、皮肤癌，氯乙烯所致肝血管肉瘤，焦炉逸散物所致肺癌，六价铬化合物所致肺癌，毛沸石所致肺癌、胸膜间皮瘤，煤焦油、煤焦油沥青、石油沥青所致皮肤癌，β-萘胺所致膀胱癌
其他职业病	金属烟热，滑囊炎（限于井下工人），股静脉血栓综合征、股动脉闭塞症或淋巴管闭塞症（限于刮研作业人员）

来源：《职业病分类和目录》（2013 年）

（四）职业病防护

1. 用人单位

用人单位作为劳动者的主要工作场所，对于职业病防护负有主要责任，表现为以下几个方面：

一是应当保障职业病防护所需的资金投入，保证工作场所职业病危害因素的强度或者浓度符合国家职业卫生标准。

二是新建、改建、扩建的工程建设项目和技术改造、技术引进项目可能产生职业病危害的，应当向安全生产监督管理部门申请备案、审核、审查和竣工验收。

三是用人单位工作场所存在职业病目录所列职业病的危害因素的，应当及时、如实向所在地安全生产监督管理部门申报职业病危害项目。

四是对工作场所采取以下职业卫生管理措施。首先，在醒目位置设置公告栏，公布有关职业病防护的规章制度、操作规程、职业病危害事故应急救援措施和工作场所职业病危害因素检测结果。对产生严重职业病危害的工作岗位，应当在其醒目位置设置警示标识和中文警示说明。其次，为劳动者提供符合国家职业卫生标准的职业病防护用品，并督促、指导劳动者按照使用规则正确佩戴、使用。然后，实施由专人负责的日常监测，确保监测系统处于正常工作状态，定期对工作场所进行职业病危害因素检测、评价。最后，将检测、评价结果存档，并向所在地安全生产监督管理部门报告，向劳动者公布。

五是对从事接触职业病危害的作业人员，应当按照规定组织上岗前、在岗期间和离岗时的职业健康检查，并将检查结果书面告知劳动者。职业健康检查费用由用人单位承担。用人单位应当为劳动者建立职业健康监护档案，并按照规定的期限妥善保存。劳动者离开用人单位时，有权索取本人职业健康监护档案复印件，用人单位应当如实、无偿提供，并在所提供的复印件上签章。

六是用人单位的主要负责人和职业卫生管理人员应当接受职业卫生培训，对劳动者也要进行上岗前和在岗期间的定期职业卫生培训。

2. 个人防护

个人防护设施是保护劳动者安全健康的一种预防性辅助设施。《中华人民共和国劳动法》（简称《劳动法》）第五十四条规定，用人单位必须为劳动者提供符合国家规定的劳动安全卫生条件和必要的劳动防护用品。劳动防护用品按照防护部位分为九类：

（1）安全帽：是用于保护头部，防撞击、挤压伤害的护具。主要有塑料、橡胶、玻璃、胶纸、防寒和竹制、藤制安全帽。

（2）呼吸护具：是预防尘肺等职业病的重要护品。按用途分为防尘、防毒、供氧三类；按作用原理分为过滤式、隔绝式两类。

（3）眼防护具：用以保护作业人员的眼、面部，防止外来伤害。分为焊接用眼防护具、炉窑用眼护具、防冲击眼护具、微波防护具、激光防护镜以及防 X 射线、防化学、防尘等眼护具。

（4）听力护具：长期在 90dB（A）以上或短时在 115dB（A）以上的环境中工作时应使用听力护具。听力护具有耳塞、耳罩和帽盔三类。

（5）防护鞋：用于保护足部免受伤害。主要有防砸、绝缘、防静电、耐酸碱、耐油、防滑等功能。

（6）防护手套：用于手部保护。主要有耐酸碱手套、电工绝缘手套、电焊手套、防 X 射线手套、石棉手套等。

（7）防护服：用于保护职工免受劳动环境中的物理、化学因素的伤害。防护服分为特殊防护服和一般作业服两类。

（8）防坠落护具：用于防止坠落事故发生。主要有安全带、安全绳和安全网。

（9）护肤用品：用于外露皮肤的保护，分为护肤膏和洗涤剂。

四、劳动禁忌

劳动禁忌是指劳动者从事特定职业时，比一般职业人群更容易遭受到职业危害、罹患职业病或使原有疾病病情加重的一种个人生理状态。此时，应当将劳动禁忌者调离该工作岗位。

（一）未成年工劳动禁忌

未成年工是指年满 16 周岁、未满 18 周岁的劳动者。我国对未成年人参加生产劳动做出了一些保护性规定，包括：不得安排其从事矿山井下、有毒有害的工作；不得安排其从事国家规定的第四级体力劳动强度的劳动；不得安排其从事其他禁忌从事的劳动，比如森林业伐木、流放作业、高空作业、放射性物质超标的作业以及其他会影响生长发育的作业；要对未成年工定期进行健康检查。

案例：以案说法——牛蛋蛋维权记①

　　蛋蛋同学在家过完了十六岁生日后开始出门找工作了。他找到一家采矿的公司，干体力活的工作相对好找些。在矿山干活基本上就是下井挖矿石，挖多少矿石给多少工资。蛋蛋刚开始还能挺一下，慢慢地就挺不下去了。重体力活对一个毕竟还没有成年的孩子来说是有困难的。于是蛋蛋跑去找到矿上负责人商量，能不能给他安排轻一点的活干。矿上负责人说：没有，干不了就走人。蛋蛋喊着说：叔，我今年刚满十六岁，力气还没有长足，这么重的体力活，你等我长大点再安排我干吧，现在请你给我安排个轻一点的活，钱少点也行。这个负责人曾经在单位里面从事过人力资源工作，得知这个块头不小的家伙才十六岁多一点，心里有点发毛。为什么，因为他知道我们国家有部法律叫《中华人民共和国未成年人保护法》（简称《未成年人保护法》），还有一个条例叫《劳动保障监察条例》。

　　《未成年人保护法》第三十八条规定：任何组织或者个人不得招用未满十六周岁的未成年人，国家另有规定的除外。任何组织或者个人按照国家有关规定招用已满十六周岁未满十八周岁的未成年人的，应当执行国家在工种、劳动时间、劳动强度和保护措施等方面的规定，不得安排其从事过重、有毒、有害等危害未成年人身心健康的劳动或者危险作业。第六十八条规定：非法招用未满十六周岁的未成年人，或者招用已满十六周岁的未成年人从事过重、有毒、有害等危害未成年人身心健康的劳动或者危险作业的，由劳动保障部门责令改正，处以罚款；情节严重的，由工商行政管理部门吊销营业执照。（说明：《未成年人保护法》于2018年修订后，该条已经与第三十八条合并为第六十一条。）

　　《劳动法》第六十四条规定：不得安排未成年人从事矿山井下、有毒有害、国家规定的第四级体力劳动强度的劳动和其他禁忌从事的劳动。

　　《劳动保障监察条例》第二十三条规定：用人单位有下列行为之一的，由劳动保障行政部门责令改正，按照受侵害的劳动者每人1000元以上5000元以下的标准

---

① 来源：湖北人社，2016-10-27，有改动。

计算，处以罚款：……（七）安排未成年工从事矿山井下、有毒有害、国家规定的第四级体力劳动强度的劳动或者其他禁忌从事的劳动的；（八）未对未成年工定期进行健康检查的。

这个负责人开始想迅速打发他走人，但矿上人员确实严重不足，再者打发他走了，万一蛋蛋去投诉，那公司损失就大了，于是当即将蛋蛋调换到后勤方面的工作岗位上，跑跑腿，打打杂什么的。这个负责人在一次酒后告诉了蛋蛋，我们国家有《未成年人保护法》《劳动法》，还有《劳动保障监察条例》，是保护他在未成年时不干重体力活的。蛋蛋迅速听明白了，这是有什么法在保护他，否则这个负责人是不会那么爽快地给他调换工作岗位的。

蛋蛋对负责人调整的工作岗位是十分满意的，但对工资待遇却很有想法。他干了两年后，就离开了这家采矿公司。

（二）女职工劳动禁忌

为保证女职工在劳动过程中的安全和健康，国家根据妇女的生理特点，在法律上规定了女职工禁忌从事的劳动范围。《女职工劳动保护特别规定》中明确提到以下内容为禁忌范围：矿山井下作业；体力劳动强度分级标准中规定的第四级体力劳动强度的作业；每小时负重 6 次以上，每次负重超过 20kg 的作业，或者间断负重、每次负重超过 25kg 的作业。

女职工在经期禁忌从事的劳动范围，主要包括：冷水作业分级标准中规定的第二级、第三级、第四级冷水作业；低温作业分级标准中规定的第二级、第三级、第四级低温作业；体力劳动强度分级标准中规定的第三级、第四级体力劳动强度的作业；高处作业分级标准中规定的第三级、第四级高处作业。

女职工在孕期禁忌从事的劳动范围，主要包括：作业场所空气中铅及其化合物、汞及其化合物、苯、镉、铍、砷、氰化物、氮氧化物、一氧化碳、二硫化碳、氯、己内酰胺、氯丁二烯、氯乙烯、环氧乙烷、苯胺、甲醛等有毒物质浓度超过国家职业卫生标准的作业；从事抗癌药物、己烯雌酚生产，接触麻醉剂气体等的作业；非密封源放射性物质的操作，核事故与放射事故的应急处置；高处作业分级标准中规定的高处作业；冷水作业分级标准中规定的冷水作业；低温作业分级标准中规定的低温作业；高温作业分级标准中规定的第三级、第四级的作业；噪声作业分级标准中规定的第三级、第四级的作业；体力劳动强度分级标准中规定的第三级、第四级体力劳动强度的作业；在密闭空间、高压室作业或者潜水作业，伴有强烈振动的作业，或者需要频繁弯腰、攀高、下蹲的作业。

女职工在哺乳期禁忌从事的劳动范围，主要包括：孕期禁忌从事的劳动范围的第一项、第三项、第九项；作业场所空气中锰、氟、溴、甲醇、有机磷化合物、有机氯化合物等有毒物质浓度超过国家职业卫生标准的作业。

实践任务安排

以 4~6 人小组为单位，寻找校园内存在的安全隐患，提出改进方案，小组讨论后形成报告，教师进行点评和总结。

知识拓展

建筑工地安全小知识（图 3-1-15、图 3-1-16）[①]

图 3-1-15　建筑工地安全小知识（一）

---

① 来源："学习强国"平台，2022-03-01。

图 3-1-15　建筑工地安全小知识（一）（续）

图 3-1-16　建筑工地安全小知识（二）

第二节 劳动法规

一、劳动法规的立法宗旨

《宪法》[①]第四十二条规定："中华人民共和国公民有劳动的权利和义务。国家通过各种途径，创造劳动就业条件，加强劳动保护，改善劳动条件，并在发展生产的基础上，提高劳动报酬和福利待遇。劳动是一切有劳动能力的公民的光荣职责。国有企业和城乡集体经济组织的劳动者都应当以国家主人翁的态度对待自己的劳动。国家提倡社会主义劳动竞赛，奖励劳动模范和先进工作者。国家提倡公民从事义务劳动。国家对就业前的公民进行必要的劳动就业训练。"

从《宪法》中可以看出，制定劳动法规是为了保护劳动者的合法权益，调整劳动关系，建立和维护适应社会主义市场经济的劳动制度，促进经济发展和社会进步。

二、与劳动合同有关的法律规定

劳动合同，也可以称为劳动契约。我国《劳动法》第十六条规定："劳动合同是劳动者与用人单位确立劳动关系、明确双方权利和义务的协议。"这就强调了劳动合同与权利义务之间的紧密联系性，通过立法引导双方当事人，使其明确要使劳动关系产生预期的法律效力，必须签订劳动合同。劳动合同作为劳动者和用人单位确立劳动关系的基本法律形式，是稳定劳动关系、保障劳动过程的平稳运行、维护劳动者和用人单位的合法权益、促进经济发展和社会进步的重要手段。

（一）劳动合同的形式和内容

劳动合同应当以书面形式订立，并具备以下条款：

1. 用人单位的名称、住所和法定代表人或者主要负责人；

2. 劳动者的姓名、住址和居民身份证或者其他有效身份证件号码；

3. 劳动合同期限；

二维码 3-2-1 劳动合同的这些事儿，你来问我来答

---

① 《宪法》（2018 年 3 月 11 日修正）。

4. 工作内容和工作地点；

5. 工作时间和休息休假；

6. 劳动报酬；

7. 社会保险；

8. 劳动保护、劳动条件和职业危害防护；

9. 法律、法规规定应当纳入劳动合同的其他事项。

劳动合同除前款规定的必备条款外，用人单位与劳动者可以约定试用期、培训、保守秘密、补充保险和福利待遇等其他事项。

（二）劳动合同的期限

劳动合同分为固定期限劳动合同、无固定期限劳动合同和以完成一定工作任务为期限的劳动合同。

固定期限劳动合同，是指用人单位与劳动者约定合同终止时间的劳动合同。用人单位与劳动者协商一致，可以订立固定期限劳动合同。

无固定期限劳动合同，是指用人单位与劳动者约定无确定终止时间的劳动合同。用人单位与劳动者协商一致，可以订立无固定期限劳动合同。

用人单位自用工之日起满一年不与劳动者订立书面劳动合同的，视为用人单位与劳动者已订立无固定期限劳动合同。

以完成一定工作任务为期限的劳动合同，是指用人单位与劳动者预定以某项工作的完成为合同期限的劳动合同。用人单位与劳动者协商一致，可以订立以完成一定工作任务为期限的劳动合同。

（三）劳动合同中关于试用期

试用期不是劳动合同的必备条款。

是否约定试用期，由双方当事人根据情况协商，也可以不约定。当事人没有约定试用期的劳动合同不影响其成立与生效。

劳动合同期限三个月以上不满一年的，试用期不得超过一个月；劳动合同期限一年以上不满三年的，试用期不得超过两个月；三年以上固定期限和无固定期限的劳动合同，试用期不得超过六个月。

同一用人单位与同一劳动者只能约定一次试用期。以完成一定工作任务为期限的劳动合同或者劳动合同期限不满三个月的，不得约定试用期。

试用期包含在劳动合同期限内。劳动合同仅约定试用期的，试用期不成立，该期限为劳动合同期限。

劳动者在试用期的工资不得低于本单位相同岗位最低档工资或者劳动合同约定工资的百分之八十，并不得低于用人单位所在地的最低工资标准。

（四）劳动合同的终止

有下列情形之一的，劳动合同终止：

1. 劳动合同期满的；

2. 劳动者开始依法享受基本养老保险待遇的；

3. 劳动者死亡，或者被人民法院宣告死亡或者宣告失踪的；

4. 用人单位被依法宣告破产的；

5. 用人单位被吊销营业执照、责令关闭、撤销或者用人单位决定提前解散的；

6. 法律、行政法规规定的其他情形。

（五）用人单位不得解除劳动合同的情形

《中华人民共和国劳动合同法》（简称《劳动合同法》）第四十二条规定："劳动者有下列情形之一的，用人单位不得依照本法第四十条、第四十一条的规定解除劳动合同"（本法第四十条为"无过失性辞退"，第四十一条为"经济性裁员"，除以上两种情形，用人单位依然可以解除劳动合同）：

1. 从事接触职业病危害作业的劳动者未进行离岗前职业健康检查，或者疑似职业病病人在诊断或者医学观察期间的；

2. 在本单位患职业病或者因工伤并被确认丧失或者部分丧失劳动能力的；

3. 患病或者非因工负伤，在规定的医疗期内的；

4. 女职工在孕期、产期、哺乳期的；

5. 在本单位连续工作满十五年，且距法定退休年龄不足五年的；

6. 法律、行政法规规定的其他情形。

（六）签订劳动合同的原则

1. 合法原则

合法是劳动合同有效的前提条件。合法原则就是劳动合同的形式和内容必须符合法律法规的规定。

2. 公平原则

公平原则是指劳动合同的内容应当公平、合理。就是在符合法律规定的前提下，劳动合同双方公正、合理地确立各自的权利和义务。有些合同内容，相关劳动法律法规往往只规定了一个最低标准，在此基础上双方自愿达成协议，就是合法的，但有时合法的未必公平、合理。

3. 平等自愿原则

平等自愿原则包括两层含义，一是平等原则，二是自愿原则。所谓平等原则就是劳动者和用人单位在订立劳动合同时在法律地位上是平等的，没有高低从属之分，不存在命令和服从、管理和被管理关系。只有地位平等，双方才能自由表达真实的意思。自愿原则是指订立劳动合同完全是出于劳动者和用人单位双方的真实意志，是双方协商一致达成的，任何一方不得把自己的意志强加给另一方。

4. 协商一致原则

协商一致就是用人单位和劳动者要对合同的内容达成一致意见。合同是双方意思表示一致的结果，劳动合同也是一种合同，也需要劳动者和用人单位双方协商一致，达成合意，一方不能凌驾于另一方之上，不得把自己的意志强加给对方，也不能强迫命令，胁迫对方订立劳动合同。

5. 诚实信用原则

在订立劳动合同时要诚实，讲信用。例如在订立劳动合同时，双方都不得有欺诈行为。根据《劳动合同法》第八条的规定："用人单位招用劳动者时应当如实告知劳动者工作内容、工作条件、工作地点、职业危害、安全生产状况、劳动报酬，以及劳动者要求了解的其他情况；用人单位有权了解劳动者与劳动合同直接相关的基本情况，劳动者应当如实说明。"双方都不得隐瞒真实情况。

相关资料

签劳动合同，这些要注意！（图 3-2-1）[①]

我工作半个多月了还没签订合同，该怎么办呢？

解答：按照规定，一个月内订立书面劳动合同都是可以的。要是超过一个月，应当向你每月支付 2 倍工资。

单位准备了两份合同，一份合法、规范，另一份不合法、不规范，公司说我实际只需签订不规范的合同，遇到问题时另一份规范的合同能保障我的权益。真的是这样吗？

解答：双面合同不能签！一些用人单位为了应付劳动保障部门检查，准备了两份不一样的合同，一份是合法、规范的合同，由用人单位保管，应付检查，并不实际执行。另一份是不合法、不规范的合同，则由双方持有，实际执行。大家要注意，这类合同是不允许的。在后期维权过程中，劳动者无法提供自身利益被损害的有效证据，索赔艰难。

试用期期间，用人单位可以有意压低我的工资，甚至不给工资吗？

解答：为维护试用期劳动者的工资报酬权益，《劳动合同法》《劳动合同法实施条例》规定：劳动者在试用期的工资不得低于本单位相同岗位最低档工资的 80% 或者不得低于劳动合同约定工资的 80%，并不得低于用人单位所在地的最低工资标准。

图 3-2-1 签订劳动合同，需要知道的那些事儿

① 来源：人社部公众号，2021-04-22，有改动。

三、与工资有关的法律规定

工资，又称为薪水、薪金、薪酬等，是劳动者在劳动关系中通过给付劳动力所获得的由雇主按照一定的标准和形式所支付的购买劳动力的对价。从劳动者角度说，工资是劳动者生存权得以实现的最主要依托；对雇主而言，其是生产成本的重要组成部分；对社会来说，工资体现一个社会的发展、繁荣和稳定。

（一）工资的形式

工资形式是计量劳动和支付工资的形式。在符合国家法律要求的前提下，工资具体采取什么形式，属于雇主工资分配权范畴，由雇主根据自身发展状况、追求目标以及劳动者的劳动差别等情况进行自主选择。我国现行的工资形式主要有计时工资、计件工资两种基本形式和奖金、津贴两种辅助形式，另外，在一定范围内还实行年薪制。随着市场经济的深入发展，企业工资形式越来越多样化，如年终奖、年终双薪、绩效工资等，浮动性、间接性给付以及预留性给付在劳动者劳动报酬构成中所占的比例越来越大。[①]

1. 计时工资

计时工资是按照单位时间工资率（即计时工资标准）和工作时间支付劳动者个人工资的一种形式，可见，单位时间工资率和工作时间是决定计时工资数量的两个因素。计时工资可以分为月工资、周工资、日工资、小时工资等类型。计时工资以时间为计算单位，操作简单易行，容易确定，适用面广，任何用人单位和工种均可适用，但工资报酬无法完全与劳动的数量和质量相挂钩。

2. 计件工资

计件工资是指按照劳动者完成的合格产品的数量和预先规定的计件单价计算工资的形式。其核心是计件单价，即生产某一产品或完成某一单位工作的应得工资额。计件单价预先确定，劳动者劳动成果的不同直接影响工资数量的差别。计件工资以劳动成果计算，能够使劳动成果与劳动报酬直接联系起来，较为准确地反映了劳动贡献差别，更好地体现了按劳分配的原则，具有鼓励和刺激劳动的作用；但确定成果必须要统计数量和检定质量，容易因追求数量而忽视质量，甚至影响安全生产。计件工资的适用范围不具有普遍性，只能适用于具备一定条件的企业和岗位。

---

① 侯玲玲 . 劳动法上工资之界定 [J]. 人民司法，2013（11）：14–19.

3. 奖金

奖金是指支付给劳动者的超额劳动或增收节支实绩所支付的奖励性报酬，是对有效超额拉动的奖励。奖金通过其激励功能的发挥，可以调动劳动者的生产积极性，更好地体现按劳分配的原则。按照不同的标准，可以对奖金进行不同的分类：如月度奖金、季度奖金和年度奖金；经常性奖金和一次性奖金；集体奖金和个人奖金；综合奖金和单项奖金（如超产奖、安全奖、节约奖等）。目前，很多用人单位把奖金作为经济性发放超额工资的一种方式，适用奖金必须确定奖励的条件和奖励的标准。奖金发放的条件一般由用人单位内部劳动规则或集体合同规定，一般在规则或合同中都要明确劳动定额，只有超过定额才能获得奖金；同时奖励的标准也需要明确、具体、可操作并且应予以公示。

4. 津贴和补贴

津贴是指补偿劳动者在特殊条件下的额外劳动消耗和额外生活支出的工资补充形式。它的性质主要表现为对额外劳动消耗和生活支出的一种补偿，在我国的工资构成中发挥着补偿的功能。补贴是为了保障劳动者的工资水平不受特殊因素的影响而支付给劳动者的劳动报酬，属于一种临时性的工资辅助，目的是保障劳动者的生活免受较大的冲击。

5. 年薪

年薪是指根据用人单位的生产经营规模和业绩来确定，以企业财务年度为时间单位所支付的工资收入。从我国开始在国有企业推行年薪制，到 2000 年 11 月，劳动和社会保障部发布《进一步深化企业内部分配制度改革指导意见》中进一步指出，要在具备条件的企业积极试行董事长、总经理年薪制。

（二）最低工资制度

最低工资制度是以保障劳动者及其家庭成员基本生活需要而建立的法律制度，主要通过确定和强制推行最低工资标准来实现。最低工资，是指劳动者在法定工作时间或依法签订的劳动合同约定的工作时间之内提供了正常劳动的条件下，由用人单位在最低限度内应当支付的足以维持劳动者及其平均供养人口基本生活需要的劳动报酬，即工资的法定最低限额。

1. 最低工资标准的确定

我国现阶段，各地区经济发展和生活水平差异较大，无法实行全国统一的最低工资标准，只能由各地区根据自己的具体情况予以确定。《劳动法》第四十八条规定："国家实行最低工资保障制度。最低工资的具体标准由省、自治区、直辖市人民政府规定，报国务院备案。"《最低工资规定》第七条规定："省、自治区、直辖市范围内的不同行政区域可以有不同的最低工资标准。"

2. 最低工资标准的调整

最低工资标准并非一成不变，如确定最低工资标准的各项因素发生了变化，或本地区职工生活费用价格指数累计变动较大时，应当适当调整，这样才能发挥其应有的保障功能。《劳动和社会保障部关于贯彻落实国务院关于解决农民工问题的若干意见的实施意见》（劳社部发〔2006〕15 号）：全面落实最低工资标准每两年至少调整一次的规定。《人力资源和社会保障部关于进一步做好最低工资标准调整工作的通知》（人社部发〔2015〕114 号）：根据当前经济形势，在今后一段时期内，将最低工资标准由每两年至少调整一次改为每两年至三年至少调整一次。调整最低工资标准时，新标准实施时间原则上不晚于调整当年的 7 月 1 日，发布时间与实施时间为间隔一般应不少于 2 个月。调整的权限、方式、程序、公布的办法按照确定时的规定进行。

相关资料

全国最低工资标准出炉　多省份调高最低工资标准[①]

2020 年 4 月 26 日，人力资源和社会保障部发布全国各地区月最低工资标准情况和小时最低工资标准情况。数据显示，截至 2020 年 3 月底，上海、北京、广东、天津、江苏、浙江 6 省份第一档月最低工资标准超过 2000 元。

最低工资标准的调整幅度，与当地经济社会发展密切相关。数据显示，截至 2020 年 3 月 31 日，上海月最低工资标准为 2480 元，为全国最高。此外，北京为 2200 元。

从最新调整来看，进入 2020 年，福建、青海、广西已上调最低工资标准。福建从 2020 年 1 月 1 日起，调整全省各地最低工资标准，最低工资标准由此前的五档缩减为四档，分别为 1800 元、1720 元、1570 元、1420 元。与调整前相比，月最低工资标准各档平均值平均增幅 8.4%，年均增幅 3.3%。

青海从 2020 年 1 月 1 日起，将月最低工资标准由 1500 元调整为 1700 元。此次是

---

① 来源：中国经济网，2020-04-28。

青海第 10 次提高最低工资标准，在原有的基础上统一平均增加 200 元，增幅为 13.3%。

广西从 2020 年 3 月 1 日起执行新的最低工资标准。其中，月最低工资标准由此前的 1680 元、1450 元、1300 元分别上调至 1810 元、1580 元、1430 元；非全日制小时最低工资标准由原来的 16 元、14 元、12.5 元分别调整至 17.5 元、15.3 元、14 元。

从时间间隔看，根据《人力资源和社会保障部关于进一步做好最低工资标准调整工作的通知》要求，最低工资标准由每 2 年至少调整一次改为每 2 至 3 年至少调整一次。据统计，全国大部分省、区、市调整最低工资标准的平均间隔为 2 年至 3 年。记者梳理发现，青海此前的最低工资标准已从 2017 年 5 月开始执行两年多，福建上一次调整最低工资标准时间为 2017 年 7 月，广西上一次调整最低工资标准是 2018 年 2 月。

在小时最低工资标准方面，北京、上海、天津、广东的小时最低工资标准超过 20 元大关，其中北京市以 24 元时薪领跑全国。而湖南省的最低时薪为 12.5 元，和标准最高的北京相差近 1 倍。

为何各地区最低工资标准会呈现较大差异？这是因为最低工资标准的调整与当地社会经济发展水平密切相关。根据《最低工资规定》，全国各地最低工资标准是在综合考虑各地城镇居民最低收入群体人均消费支出、人均食品支出、恩格尔系数、赡养系数、城镇居民消费价格指数、在岗职工平均工资、职工个人缴纳的社会保险费及住房公积金等指标数据，结合近年来当地经济发展实际而确定的。由于各地物价水平、收入水平有较大差别，最低工资标准差异也会较大。

记者从地方人社系统获悉，上调最低工资标准，对增加职工收入，特别是对提高低收入职工的工资水平将起到直接拉动作用。职工的失业保险金、医疗期内的病假工资以及单位停工、停业等情况下，职工的基本生活费都将随最低工资标准的调整而上调。

2020 年年初，新冠肺炎疫情造成不少企业停工停产。对于疫情期间工资发放问题，人社部此前发布《关于妥善处理新型冠状病毒感染的肺炎疫情防控期间劳动关系问题的通知》明确，企业停工停产在一个工资支付周期内的，企业应按劳动合同规定的标准支付职工工资。超过一个工资支付周期的，若职工提供了正常劳动，企业支付给职工的工资不得低于当地最低工资标准。

专家表示，提高最低工资标准，有利于稳定就业岗位，有利于维护劳动者合法权益，有利于保护低收入者共享经济社会发展成果。但各地调整幅度也会受到促进就业创业、减轻企业负担等多种因素影响。因此，各地应根据实际情况，稳妥慎重调整最低工资标准。同时，广大劳动者和失业人员要增强法律意识，维护自身权益。对于劳动者提供正常劳动，用人单位不执行最低工资标准的行为，可通过工会或向当地人力资源社会保障行政部门投诉，维护自身权益。（记者　韩秉志）

四、与社会保险有关的法律规定

（一）社会保险的概念

社会保险是指国家和社会通过立法确立的，以保险形式实行的、以使社会成员（主要是劳动者）在面临年老、患病、工伤、失业、生育等社会风险的情况下，能够获得国家和社会经济补偿和帮助的一种社会保障制度。

我国于2010年10月28日第十一届全国人民代表大会常务委员会第十七次会议通过《中华人民共和国社会保险法》（根据2018年12月29日第十三届全国人民代表大会常务委员会第七次会议《关于修改〈中华人民共和国社会保险法〉的决定》修正），将养老保险和医疗保险覆盖到了各类劳动者和全体公民，工伤、失业、生育保险则覆盖全体劳动者。

（二）基本养老保险

职工应当参加基本养老保险，由用人单位和职工共同缴纳基本养老保险费。无雇工的个体工商户、未在用人单位参加基本养老保险的非全日制从业人员以及其他灵活就业人员可以参加基本养老保险，由个人缴纳基本养老保险费。公务员和参照《公务员法》管理的工作人员养老保险的办法由国务院规定。

（三）基本医疗保险

职工应当参加职工基本医疗保险，由用人单位和职工按照国家规定共同缴纳基本医疗保险费。无雇工的个体工商户、未在用人单位参加职工基本医疗保险的非全日制从业人员以及其他灵活就业人员可以参加职工基本医疗保险，由个人按照国家规定缴纳基本医疗保险费。

（四）工伤保险

职工应当参加工伤保险，由用人单位缴纳工伤保险费，职工不缴纳工伤保险费。国家根据不同行业的工伤风险程度确定行业的差别费率，并根据使用工伤保险基金、工伤发生率等情况在每个行业内确定费率档次。行业差别费率和行业内费率档次由国务院社会保险行政部门制定，报国务院批准后公布施行。社会保险经办机构根据用人单位使用工伤保险基金、工伤发生率和所属行业费率档次等情况，确定用人单位缴费费率。

（五）失业保险

职工应当参加失业保险，由用人单位和职工按照国家规定共同缴纳失业保险费。失业人员失业前用人单位和本人累计缴费满一年不足五年的，领取失业保险金的期限最长为十二个月；累计缴费满五年不足十年的，领取失业保险金的期限最长为十八个月；累计缴费十年以上的，领取失业保险金的期限最长为二十四个月。重新就业后，再次失业的，缴费时间重新计算，领取失业保险金的期限与前次失业应当领取而尚未领取的失业保险金的期限合并计算，最长不超过二十四个月。

（六）生育保险

职工应当参加生育保险，由用人单位按照国家规定缴纳生育保险费，职工不缴纳生育保险费。用人单位已经缴纳生育保险费的，其职工享受生育保险待遇；职工未就业配偶按照国家规定享受生育医疗费用待遇。所需资金从生育保险基金中支付。生育保险待遇包括生育医疗费用和生育津贴。

五、与就业促进有关的法律规定

（一）就业促进的目标

就业促进的目标是实现充分就业。但充分就业绝不是完全消除失业。我国《中华人民共和国就业促进法》（简称《就业促进法》）第二条规定："国家把扩大就业放在经济社会发展的突出位置，实施积极的就业政策，坚持劳动者自主择业、市场调节就业、政府促进就业的方针，多渠道扩大就业。"

（二）维护公平就业、禁止就业歧视

为了维护劳动者的平等就业权，反对就业歧视，《就业促进法》对公平就业做出了规定，包括八个方面：

1. 明确政府维护公平就业的责任

劳动者依法享有平等就业和自主择业的权利。劳动者就业，不因民族、种族、性别、宗教信仰等不同而受歧视。

2. 规范用人单位和职业中介机构的行为

《就业促进法》规定，用人单位招用人员、职业中介机构从事职业中介活动，应当向劳动者提供平等的就业机会和公平的就业条件，不得实施就业歧视。

3. 保障妇女享有与男子平等的劳动权利

用人单位招用人员，除国家规定的不适合妇女的工种或者岗位外，不得以性别为由拒绝录用妇女或者提高对妇女的录用标准。

4. 保障各民族劳动者享有平等的劳动权利

用人单位招用人员，应当依法对少数民族劳动者给予适当照顾。

5. 保障残疾人的劳动权利

各级人民政府应当为残疾人创造就业条件，用人单位招用人员，不得歧视残疾人。

6. 保障传染病病原携带者的平等就业权

用人单位招用人员，不得以其是传染病病原携带者为由拒绝录用。

7. 保障进城就业的农村劳动者的平等就业权

农村劳动者进城就业享有与城镇劳动者平等的劳动权利，不得对农村劳动者进城就业设置歧视性限制。

8. 规定了劳动者受到就业歧视时的法律救济途径

劳动行政部门应当对本法实施情况进行监督检查，建立举报制度，受理对违反本法行为的举报，并及时予以核实处理（包括就业歧视处理）。

六、部分劳动法规的介绍

（一）《中华人民共和国劳动法》

《中华人民共和国劳动法》是为了保护劳动者的合法权益，调整劳动关系，建立和维护适应社会主义市场经济的劳动制度，促进经济发展和社会进步，根据宪法制定的法律。该法于 1994 年 7 月 5 日第八届全国人民代表大会常务委员会第八次会议通过；根据 2009 年 8 月 27 日第十一届全国人民代表大会常务委员会第十次会议《关于修改部分法律的决定》第一次修正；根据 2018 年 12 月 29 日第十三届全国人民代表大会常务委员会第七次会议《关于修改〈中华人民共和国劳动法〉等七部法律的决定》第二次修正。

该法共十三章一百零七条，主要内容有：总则、促进就业、劳动合同和集体合同、工作时间和休息休假、工资、劳动安全卫生、女职工和未成年工特殊保护、职业培训、社会保险和福利、劳动争议、监督检查、法律责任和附则。

（二）《中华人民共和国劳动合同法》

《中华人民共和国劳动合同法》是为了完善劳动合同制度，明确劳动合同双方当事人的权利和义务，保护劳动者的合法权益，构建和发展和谐稳定的劳动关系制定的法律。该法由第十届全国人民代表大会常务委员会第二十八次会议于 2007 年 6 月 29 日通过，自 2008 年 1 月 1 日起施行；2012 年 12 月 28 日第十一届全国人民代表大会常务委员会第三十次会议《关于修改〈中华人民共和国劳动合同法〉的决定》修正。

该法共八章九十八条，主要内容有：总则、劳动合同的订立、劳动合同的履行和变更、劳动合同的解除和终止、特别规定、监督检查、法律责任和附则。

（三）《中华人民共和国劳动争议调解仲裁法》

为了公正及时解决劳动争议，保护当事人合法权益，促进劳动关系和谐稳定，中华人民共和国第十届全国人民代表大会常务委员会第三十一次会议于 2007 年 12 月 29 日通过制定《中华人民共和国劳动争议调解仲裁法》（简称《劳动争议调解仲裁法》），自 2008 年 5 月 1 日起施行。

该法共四章五十四条，主要内容有：总则、调解、仲裁和附则。

（四）《中华人民共和国妇女权益保障法》

《中华人民共和国妇女权益保障法》是为了保障妇女的合法权益，促进男女平等和妇女全面发展，充分发挥妇女在全面建设社会主义现代化国家中的作用，弘扬社会主义核心价值观，根据宪法而制定的法律。该法由 1992 年 4 月 3 日第七届全国人民代表大会第五次会议通过，自 1992 年 10 月 1 日起施行；根据 2005 年 8 月 28 日第十届全国人民代表大会常务委员会第十七次会议《关于修改〈中华人民共和国妇女权益保障法〉的决定》第一次修正；根据 2018 年 10 月 26 日第十三届全国人民代表大会常务委员会第六次会议《关于修改〈中华人民共和国野生动物保护法〉等十五部法律的决定》第二次修正；根据 2022 年 10 月 30 日第十三届全国人民代表大会常务委员会第三十七次会议修订。

该法共十章八十六条，主要内容有：总则、政治权利、人身和人格权益、文化教育权益、劳动和社会保障权益、财产权益、婚姻家庭权益、救济措施、法律责任和附则。

实践任务安排

（一）请结合你身边及网络，谈谈你还听说过哪些关于劳动法规方面的谣言？以小组为单位，开展辟谣活动。

（二）以 4~6 人小组为单位完成以下活动任务：

1. 各小组讨论签订劳动合同应注意的事项。

2.各小组对签订劳动合同过程中存在的问题进行归纳，制作多媒体课件，派一名同学课堂中讲解多媒体课件。

3.情景模拟订立劳动合同现场。

知识拓展

（一）每日辟谣｜劳动合同期满劳动关系自动终止？没有缴纳工伤保险不能认定工伤？来看真相[①]

谣言止于真相，今天我们再来粉碎几个职场中常见的谣言。

1.无固定期限劳动合同等于"铁饭碗"？

谣言流传度：★★★★　　迷惑指数：★★★★

图 3-2-2　关于无固定期限劳动合同

辟谣：无固定期限劳动合同是为了促进相对长期稳定的劳动关系，但它并不是"终身制"，只是没有明确的终止时间。劳动者严重违反用人单位规章制度、严重失职给用人单位造成重大损害、不能胜任工作、被依法追究刑事责任等情形下，用人单位都可以与劳动者解除无固定期限劳动合同。

2.劳动合同期满劳动关系自动终止？

谣言流传度：★★★　　迷惑指数：★★★

---

① 来源：中国劳动保障报，2021-08-15。

图 3-2-3　关于劳动合同到期

辟谣：劳动合同期满并不意味着劳动关系自动终止。假如劳动合同到期后，用人单位并未为劳动者办理终止劳动合同手续，那双方仍存在着一种管理与被管理的关系，继续存在事实劳动关系。劳动合同到期，如果用人单位不想续订，应提前通知劳动者并支付经济补偿。

3. 没有缴纳工伤保险不能认定工伤？

谣言流传度：★★★　　迷惑指数：★★★★

图 3-2-4　关于工伤保险

辟谣：无论用人单位有没有给劳动者办理工伤保险，只要劳动者与用人单位的劳动关系确立，那么劳动者发生工伤后，都可以申请工伤认定，享受相应的工伤保险待遇。《工伤保险条例》明确规定，应当参加工伤保险而未参加工伤保险的，用人单位职工发生工伤的由该用人单位按照本条例规定的工伤保险待遇项目和标准支付费用。

（二）每日辟谣｜单位按最低工资标准缴社保？员工可以自愿放弃社保？别信！[①]

1. 单位按最低工资标准缴纳社保？谣言

谣言流传度：★★★★　　　迷惑指数：★★★★

图 3-2-5　关于最低工资标准

辟谣：职工的社保缴费基数一般是按职工上一年月平均工资（或个人上月工资）来确定的，职工工资越高，社保缴费基数就会越高。但是，缴费基数存在上下限。如果职工的缴费基数低于当地规定的最低缴费基数，就按照当地最低缴费基数缴纳社保；如果缴费基数高于当地规定的最高缴费基数，就按照当地最高缴费基数缴纳社保。

2. 员工可以自愿放弃社保？谣言

谣言流传度：★★★★　　　迷惑指数：★★★★

辟谣：为员工参加社会保险是用人单位的法定义务，用人单位和职工必须依法参加社会保险。劳动者出具的放弃参保的声明，无论是否自愿，都是违反法律强制性规定的，在法律上是无效的。用人单位应当自用工之日起 30 日内为其职工向社会保险经办机构申请办理社会保险登记。

---

① 来源：中国互联网联合辟谣平台，2021-04-07。

图 3-2-6　社保可以折现吗

3. 男性职工不用缴纳生育保险？谣言

谣言流传度：★★★　　迷惑指数：★★★

图 3-2-7　关于生育保险

辟谣：《中华人民共和国社会保险法》明确规定，职工应当参加生育保险，由用人单位按照国家规定缴纳生育保险费，职工不缴纳生育保险费。这里的"职工"，不分男女，均应按规定参加生育保险。

第三节　劳动者权益

一、劳动者的合法权利

（一）劳动权

劳动权是人权的重要组成部分，它具有生存权与发展权的属性。简言之，劳动权一般是指凡是有劳动能力的公民，均有获得参加社会劳动和切实保障按劳动取得报酬的权利。劳动权是法律赋予劳动者的最基本的权利，它是劳动者一切具体劳动权利的基础。劳动权是获得生存权的必要条件。

我国劳动权的内容主要表现为赋予劳动者平等就业权和自主择业权。平等就业权是一种受益权，即凡是有劳动能力和劳动愿望的公民不分民族、种族、性别、宗教信仰等，都有平等地获得劳动机会的权利，禁止就业歧视。为保障公民平等就业权的实现，国家采取了一系列促进就业的政策和措施，规定了就业保障制度、失业保护制度，保障公民谋求不到工作时，国家给予必要的帮助、扶持，或者对已就业又失去职业的劳动者提供失业保险金。自主择业权是一种自由权，即劳动者有权根据自己的志愿、才能、教育程度，并在考虑社会需求的情况下选择职业和工种。国家保障劳动者的自主择业权，主要通过订立和变更劳动合同时遵循平等自愿、协商一致的原则来实现，并对用人单位滥用解雇权的行为加以必要的限制。

此外，我国《劳动法》规定，劳动者还享有取得劳动报酬的权利、休息休假的权利、获得劳动安全卫生保护的权利、接受职业技能培训的权利、享受社会保险和福利的权利、提请劳动争议处理的权利以及法律规定的其他劳动权利。

相关案例

某矿业公司与王某签订了5年期的劳动合同，王某的工作岗位是法律事务。合同履行2年后，矿业公司以工作需要为由，将王某强行调离法律事务岗位，让其从事统计工作。为此，王某以矿业公司侵犯了其劳动权为由，要求劳动争议仲裁委员会予以仲裁。矿业公司在答辩中称王某是本单位职工，应听从调动，单位有权不征得王某同意变更工作岗位。另外，虽然变更了王某的工作岗位，但王某的工资、待遇丝毫未变，王某的利益没有受到任何损失，单位没有侵犯其劳动权。

分析：

该矿业公司这样理解是错误的，王某从事法律事务多年，熟知法律，其工作经验丰富，而且非常热爱本职工作，从事法律事务工作是他根据自己的爱好、特长而选择的，他拥有自主择业权。该矿业公司变更王某的工作岗位时不尊重劳动者的劳动权，不根据平等自愿、协商一致原则，没有考虑职工的意愿，这是对王某劳动权的严重侵犯。

（二）劳动报酬权

在现代化大生产条件下，劳动者需要通过社会组织参加劳动，成为用人单位的职工，同时也通过社会组织取得劳动报酬，维系本人和家庭的生活。没有劳动报酬，劳动者无法生存，也不能提高生活质量。

劳动报酬权是人权的重要内容之一，是市场经济条件下劳动者的基本权利，也是法律赋予劳动者的重要劳动权利之一，这一权利的实现关系到劳动者的生存和发展。劳动报酬权是劳动者按自己提供劳动的数量和质量取得应得工资收入的权利。劳动者的劳动报酬权有切实的内容，作为劳动者有权要求用人单位按劳动法规、集体合同和劳动合同的规定以货币形式支付各种工资收入，有权获得最低工资保障，女职工有权要求实行男女同工同酬。为了保障劳动者的生存和生活，用人单位和国家有义务保障劳动者劳动报酬权的实现。

相关案例

朱某等 5 人是某装饰材料厂劳动合同制工人，2009 年 6 月与该厂签订了为期 6 年的劳动合同，2012 年 9 月以后，该厂由于产品质量问题，经营状况一直不好，产品大量积压，造成资金流动困难。2012 年 11 月起，厂里连续 8 个月只给朱某等 5 人发放 60% 的工资，其余部分一直拖着未发。从 2013 年 7 月开始，朱某等 5 人多次向厂里提出补发工资的要求，但厂方总以资金周转困难、暂时没有钱为由一拖再拖，当朱某等 5 人看到要求厂里补发工资无望时，便提出解除劳动合同。该厂以车间人员不足，解除劳动合同会给厂里带来损失为由，拒绝了朱某等 5 人解除劳动合同的要求，并声称如果朱某等 5 人一定要解除合同，厂方将不为其办理转移社会保险的手续。朱某等5人虽同厂方进行了多次协商，但问题始终没有得到解决，只好向当地劳动争议仲裁委员会申诉，请求劳动争议仲裁委员会维护他们的合同权益。

劳动争议仲裁委员会受理该案后，查明朱某等5人所反映的情况属实，经调解无效，做出了如下裁决：①装饰材料厂应于裁决书生效之日起3日内为朱某等5人办理解除劳动合同及转移社会保险的手续；②该厂在办理朱某等5人解除劳动合同手续的同时，一次性补发所拖欠的工资并赔偿损失。

分析：

这是一起因企业不按劳动合同约定支付劳动报酬，拖欠职工工资，由职工提出解除劳动合同而与企业发生劳动争议的案件。根据《劳动法》第三十二条第三款规定，用人单位未按照劳动合同约定支付劳动报酬或者提供劳动条件的，劳动者可以随时通知用人单位解除劳动合同。《劳动法》第五十条规定，工资应当以货币形式按月支付给劳动者本人。不得克扣或者无故拖欠劳动者的工资。《劳动法》第三十二条第三款所规定的"用人单位未按照劳动合同约定支付劳动报酬"，既包括了劳动合同中约定的工资数额，也包括了由法律规定的和劳动合同中约定的工资支付日期。

本案例中，该装饰材料厂连续8个月不按劳动合同约定支付朱某等5人的工资报酬，并以不办理社会保险转移手续相威胁，其行为构成了对劳动者劳动报酬权益的侵犯。朱某等5人可以根据《劳动法》第三十二条规定，随时通知用人单位解除劳动合同，该装饰材料厂应当接受并为他们依法办理解除劳动合同的有关手续，不应当无理拒绝，更不应以不办理社会保险转移手续威胁朱某等人。

图 3-3-1　依法严惩恶意欠薪

相关问题

用人单位是否可以用实物的形式支付职工工资?

依据我国《劳动法》的规定,工资应当以货币形式支付。《工资支付暂行规定》规定,工资应当以法定货币支付,不得以实物及有价证券替代货币支付。其目的是更好地保护劳动者获得劳动报酬的权利。

工资应当以法定货币支付。一方面,货币是衡量和表现所有商品和劳务的统一价值尺度,用货币支付工资,可以反映劳动者个人劳动力支出和劳动报酬的关系;体现按劳分配,也利于劳动者之间相互比较,贯彻同工同酬。另一方面,货币是商品和劳务的交换手段和支付方式,用货币支付工资,可以满足劳动者个人的各种消费需求,保障劳动者自由支配其劳动报酬的权利,也利于劳动者收入的规范化,贯彻国家对工资总量的宏观调控。

(三)依法参加和组织工会权

《劳动法》第七条规定:"劳动者有权依法参加和组织工会。"《中华人民共和国工会法》(简称《工会法》)也规定,我国工会是"职工自愿结合的工人阶级的群众组织。"依法参加和组织工会权,是法律赋予我国劳动者结社方面的权利。凡是在中国境内的企业、事业单位、机关中以工资收入为主要生活来源的体力劳动者和脑力劳动者,不分民族、种族、性别、职业、宗教信仰、教育程度,都有依法参加和组织工会的权利。任何人、任何组织不得以任何借口阻碍劳动者这一权利的行使。

职工加入工会一般须由本人提出申请,承认工会章程,经工会基层委员会批准,并发给会员证,就可成为工会会员,依法行使工会会员的权利,并获得工会的保护。

按照《工会法》的有关规定,用人单位阻挠职工依法参加和组织工会或者阻挠上级工会帮助、指导职工筹建工会的,由劳动保障行政部门责令其改正;拒不改正的,由劳动保障行政部门提请县级以上人民政府处理;以暴力、威胁等手段阻挠造成严重后果,构成犯罪的,依法追究刑事责任。

相关案例

某公司是一家制造业的私营企业,公司成立以来没有与职工签订劳动合同、办理并缴纳社会保险、支付职工加班费等，这种行为严重侵犯了职工的合法权益。针对上述企业行为，新成立的工会代表职工与公司协商，要求公司按《劳动法》的规定履行自己的法定义务。公司对工会的要求不予理睬，在多次协商未果的情况下，工会主席王某将企业违反《劳动法》的事实向劳动行政部门进行了反映。在劳动行政部门的监督之下，公司履行了自己的法定义务。但公司也以某种理由将王某开除，王某对开除决定不服，申请劳动仲裁。经审理，劳动争议仲裁委员会以公司开除王某的理由不足，撤销了该公司的开除决定，要求公司继续履行与王某之间的劳动合同。

分析：

《工会法》第六条规定，维护职工合法权益、竭诚服务职工群众是工会的基本职责。工会在维护全国人民总体利益的同时，代表和维护职工的合法权益。《工会法》第五十三条规定，职工因参加工会活动或工会工作人员因履行《工会法》规定的职责而被解除劳动合同的，由劳动行政部门责令恢复其工作，并补发被解除劳动合同期间应得的报酬，或者责令给予本人年收入二倍的赔偿。

王某依法维权，是法律赋予工会主席的权利和职责。公司对工会的正当要求应给予积极配合和支持。但是，公司对王某的正确行为不仅不给予支持，反而以各种理由阻挠，甚至解除与王某的劳动合同，显然，公司的行为违反了《工会法》的规定。劳动争议仲裁委员会依法裁决公司撤销解除王某的劳动合同决定，继续履行劳动合同是正确的。

（四）职工民主管理权

法律赋予我国劳动者通过合法形式参与本单位民主管理的权利，我们称为职工民主管理权。职工民主管理权是指职工在本企业范围内通过职代会和其他形式，审议企业重大决策、监督企业管理者，从而维护职工合法权益的一项权利。

我国《宪法》第二条规定："中华人民共和国的一切权力属于人民。人民行使国家权力的机关是全国人民代表大会和地方各级人民代表大会。人民依照法律规定，通过各种途径和形式，管理国家事务，管理经济和文化事业，管理社会事务。"《劳动法》第八条规定："劳动者依照法律规定，通过职工大会、职工代表大会或者其他形式，参与民主管理或者就保护劳动者合法权益与用人单位进行平等协商。"《中华人民共和国公司法》第十八条规定："公司依照宪法和有关法律的规定，通过职工代表大会或者其他形式，实行民主管理。"《工会法》第六条规定："工会依照法律规定通过职工代表大会或其他形式，组织职工参与本单位的民主选举、民主协商、民主决策、民主管理和民主监督。"第三十八条规定，国有、集体企业以外的其他企业、事业单位的工会委员会,依照法律规定组织职工采取与企业、事业单位相适应的形式,参与企业、事业单位民主管理,明确地表明非公有制企业的职工也有权参与企业的民主管理。第二十条规定:"企业、事业单位、社会组织违反职工代表大会制度和其他民主管理制度,工会有权要求纠正,保障职工依法行使民主管理的权利。"

除地方特殊规定外,一般情况下我国只在国有企业和集体企业实行职工代表大会制度,而在其他类型的企业,如非公有制企业,劳动者可以通过依法组建的工会或其他形式来行使民主管理的权利。

(五)提请劳动争议处理权

劳动争议是劳动者与用人单位之间因实现劳动权利和履行劳动义务而发生的纠纷,如因工资没有及时支付给劳动者、因用人单位开除劳动者或劳动者辞职双方发生劳动争议。

二维码 3-3-1 如何处理劳动争议?

由于劳动争议的内容直接关系着劳动者的工作和生活,关系着劳动者的切身利益,因此,我国《劳动法》与《劳动争议调解仲裁法》赋予劳动者提请劳动争议处理的权利,也就是在发生劳动争议时,劳动者有权提请有关机构解决,以保护自己的合法权益。

相关资料

哪些劳动争议案件可以进行简易处理?[①]

最近和用人单位解除了劳动合同,因为经济补偿金额问题,双方发生了劳动争议,所以想申请仲裁,但是又担心仲裁时间过长影响自己后续的求职就业。

"简易处理"可以缩短仲裁期限。

图 3-3-2 关于劳动仲裁简易处理

① 来源:人社部官网,2020-11-04。

图 3-3-2　关于劳动仲裁简易处理（续）

（六）辞职权

辞职权是指劳动者享有的法律规定的解除与用人单位劳动法律关系的权利。我国劳动力市场进行改革后，允许劳动者和用人单位双向选择，以达到劳动力资源最佳配置的目的。劳动者不需向用人单位说明理由，就有权单方面提出解除劳动合同，实现自主择业。《劳动合同法》第三十六条规定，用人单位与劳动者协商一致，可以解除劳动合同。第三十七条规定，劳动者提前三十日以书面形式通知用人单位，可以解除劳动合同。劳动者在试用期内提前三日通知用人单位，可以解除劳动合同。第三十八条规定，用人单位有下列情形之一的，劳动者可以解除劳动合同：①未按照劳动合同约定提供劳动保护或者劳动条件的；②未及时足额支付劳动报酬的；③未依法为劳动者缴纳社会保险费的；④用人单位的规章制度违反法律、法规的规定，损害劳动者权益的；⑤以欺诈、胁迫的手段或者乘人之危，使对方在违背真实意思的情况下订立或者变更劳动合同使劳动合同无效的；⑥法律、行政法规规定劳动者可以解除劳动合同的其他情形。用人单位以暴力、威胁或者非法限制人身自由的手段强迫劳动者劳动的，或者用人单位违章指挥、强令冒险作业危及劳动者人身安全的，劳动者可以立即解除劳动合同，不需事先告知用人单位。

二、劳动者应履行的义务

我国《宪法》规定，中华人民共和国公民有劳动的权利和义务，一个公民既有劳动的权利，同时又有劳动的义务。劳动者的义务是指《劳动法》等规定的对劳动者必须作出一定行为或不得作出一定行为的约束。权利和义务是密切联系的，任何权利的实现总是以履行义务为条件的，没有义务就没有权利。《劳动法》第三条第二款规定："劳动者应当完成劳动任务，提高职业技能，执行劳动安全卫生规程，遵守劳动纪律和职业道德。"

（一）完成劳动任务的义务

劳动者有完成劳动任务的义务，劳动者有劳动就业的权利，而劳动者一旦与用人单位发生劳动关系，就必须履行其应尽的义务，其中最主要的义务就是完成劳动生产任务。这是劳动关系范围内的法定的义务，同时也是强制性的义务。劳动者不能完成劳动义务，就意味着劳动者违反劳动合同的约定，用人单位可以解除劳动合同。

（二）提高职业技能、执行劳动安全卫生规程的义务

劳动者努力提高职业技能，提高技术业务知识和实际操作技能，成为适应社会主义建设的熟练劳动者，有利于提高劳动生产率，加快社会主义建设的速度。劳动者对国家以及企业内部关于劳动安全卫生规程的规定，必须严格执行，以保障安全生产，从而保证劳动任务的完成。

（三）遵守劳动纪律和职业道德的义务

遵守劳动纪律和职业道德，是作为劳动者的起码条件。我国《宪法》规定，遵守劳动纪律是公民的基本义务，其意义是重大的。劳动纪律是劳动者在共同劳动中所必须遵守的劳动规则和秩序。它要求每个劳动者按照规定的时间、质量、程序和方法完成自己应承担的工作。劳动者应当履行规定的义务，不断增强国家主人翁责任感，兢兢业业、勤勤恳恳地劳动，保质保量地完成规定的生产任务，自觉地遵守劳动纪律，维护工作制度和生产秩序。职业道德是从业人员在职业活动中应当遵循的道德。职业道德是在职业生活中形成和发展的，调节职业活动中的特殊道德关系和利益矛盾的规范，它是一般社会道德在职业活动中的体现。公民道德建设的基本要求为爱祖国、爱人民、爱劳动、爱科学、爱社会主义，要将职业道德与这些基本要求融为一体，就要做到忠于职守，对社会负责。遵守劳动纪律和职业道德，是保证生产正常进行和提高劳动生产率的需要。

现代社会化的大生产，客观上要求每个劳动者都严格遵守劳动纪律，以保证集体劳动的协调一致，从而提高劳动生产率，保证产品质量。劳动者在维护企业和自身利益的同时，还要就自己提供的产品和服务向社会负责，这是现代社会法律要求劳动者必须履行的义务。

三、劳动者的工作时间

（一）标准工作时间

标准工作时间是我国现行工时制度的一种形式，是法律规定的国家机关、企事业单位、社会团体等在正常情况下普遍实行的工作时间。标准工作时间在劳动者每日工作时间和每周工作时间两方面进行了规定。《国务院关于职工工作时间的规定》规定劳动者每日工作 8 小时，每周工作 40 小时。企业因生产经营需要延长工作时间应以每周 40 小时为基础计算。如果因工作性质或生产特点限制不能实行标准工时制的，经劳动保障行政部门批准办理相关法律手续后，才能实行其他工时制。

根据《国务院关于职工工作时间的规定》，我国的标准工作时间适用于我国境内的国家机关、社会团体、企事业单位（包括国有、集体、私营、外商投资等各种所有制类型的企业及科研设计、文化、体育、医疗卫生、学校等事业单位）以及其他组织的职工。

（二）延长工作时间

延长工作时间也称加班加点。在通常情况下，加班是指用人单位经过法定批准手续，要求职工在法定节日或公休假日从事工作的时间。加点是指用人单位经过法定批准手续，要求职工在正常工作日延长工作的时间。

延长工作时间指用人单位通过一定程序，要求劳动者超过法律、法规规定的最高限制的日工作时数和周工作天数而工作。一般分正常情况下延长工作时间和非正常情况下延长工作时间两种形式。

正常情况下延长工作时间，按照《劳动法》的规定，需具备以下三个条件：①由于生产经营需要。生产经营需要主要是指紧急生产任务，如不能按期完成，就要影响用人单位的经济效益和职工的收入，在这种情况下，可以延长职工的工作时间。②必须与工会协商。用人单位决定延长工作时间的，应把延长工作时间的理由、人数、时间长短等情况向工会说明，征得工会同意后，方可延长职工工作时间。

③必须与劳动者协商。用人单位决定延长工作时间，应进一步与劳动者协商。因为延长工作时间要占用劳动者的休息时间，所以只有在劳动者自愿的情况下才可以延长工作时间。

除要符合以上条件外，延长工作时间的长度也必须符合《劳动法》的规定。即一般每日不得超过一小时，因特殊原因需要延长工作时间的，在保障劳动者身体健康的条件下延长工作时间每日不得超过三小时，但是每月不得超过三十六小时。

非正常情况下延长工作时间，是指依据《劳动法》第四十二条的规定，遇到下列情况，用人单位延长工作时间可以不受正常情况下延长工作时间的限制：

①发生自然灾害、事故或者因其他原因，威胁劳动者生命健康和财产安全，需要紧急处理的。②生产设备、交通运输线路、公共设施发生故障，影响生产和公众利益，必须及时抢修的。③法律、行政法规规定的其他情形。

特别需要说明的是，《劳动法》第六十一条、六十三条规定，不得安排女职工在怀孕期间或在哺乳未满一周岁的婴儿期间从事国家规定的第三级体力劳动强度的劳动和孕期、哺乳期禁忌从事的劳动。不得安排怀孕七个月以上的女职工和哺乳未满一周岁婴儿的女职工延长工作时间和夜班劳动。

相关案例

某服装厂有500多名职工，在裁剪、缝纫等第一线工作的职工有300多名。2014年年初，该厂领导强调出口服装生产任务紧，组织第一线职工加班加点。职工每天工作12小时，连公休日和法定节日也不能休息。厂方以公告的形式规定，除有医院证明的病假外，不加班加点的职工一律按旷工论处。半个月后，职工们意见很大，认为厂方的决定根本不考虑职工的具体问题。有的职工身体不好，半个月下来已筋疲力尽，继续这么干下去吃不消；有的职工家里有病人，这样干无法照顾，导致产生家庭纠纷。厂方认为，职工个人问题应该克服，要从企业生产的大局出发，况且厂方有权制定规章制度。为了"严肃纪律"，厂方对星期天没来加班的8名职工作旷工处理。职工们不服，向劳动争议仲裁委员会申请仲裁。

分析：

本案例中主要涉及的法律问题有：第一，服装厂因生产经营需要，可以延长工作时间，但服装厂没有与工会和劳动者协商，反而强迫劳动者加班，其行为违反了《劳动法》规定的延长工作时间的条件。第二，服装厂延长工作时间的时数大大超过《劳动法》规定的上限，其行为违反了《劳动法》。第三，服装厂将 8 名星期天没来加班的职工作旷工处理是没有法律依据的，因为该服装厂的加班本身就是违法的。

相关资料

每日辟谣｜解惑"加班"那些事儿[①]

埋头苦干

图 3-3-3　"996"，加班那些事儿

某日，某知名企业员工凌晨下班意外死亡的消息备受关注，23 岁的年轻生命猝然离去令人扼腕叹息。与此同时，"社畜"自嘲的所谓"奋斗精神"的无奈与压抑也让舆论重新聚焦并审视"007""996""白加黑"等"加班文化"。

"社畜"一词源于日本文化，特指那些在公司辛苦工作，却被当作牲畜一样压榨的员工，而"996""007"等数字顾名思义，表示各种无节制的加班时间和工作方式。那么，企业是否按规定支付加班费就合法？实行"大小周"工作制合法吗？计件工资制是否应支付加班费？下面就为你解惑有关"加班"的那些事儿。

一、如何认定加班？自愿加班有加班费吗？

计算加班工资的一个前提就是"加班的事实"，是法律意义上的加班。在实践中，员工和企业在对"加班事实"的认定方面，应把握以下两点：

1. 自愿工作不属于加班。用人单位支付加班工资的前提是"用人单位根据实

[①]　来源：中国互联网联合辟谣平台，2021-02-01。

际需要安排员工在法定标准工作时间以外工作"，即由用人单位安排加班的，用人单位才应支付加班工资。如果员工的工作既不是用人单位的要求、决定，也没有用人单位认可的加班记录，而只是自愿加班的情况，则不属于加班，用人单位无须支付加班费。但是，如果用人单位对员工的加班予以追认，则应该支付相应的加班工资。

2. 有证据证明加班为单位安排，可确认为"事实加班"。变相延长员工的工作时间，属于加班。但前提是员工必须有证据证明，确属因用人单位安排了过多的工作任务，而使员工不得不在正常的工作时间以外加班，这样才可以依法得到加班工资，保护自己的合法权益。

二、企业只要按规定支付加班工资就合法吗？

不少企业、劳动者以为加班只要按规定支付加班工资就是合法的，殊不知加班时间过长，同样违反《劳动法》。

《劳动法》对劳动者的工作时间和加班时长予以明确规定，用人单位应当保证劳动者每周至少休息一日；劳动者每日加班时间一般不得超过一小时，因特殊原因需要延长工作时间的，延长时间每日不得超过三小时，每月不得超过三十六小时。如果用人单位违反上述规定，政府主管部门可按每名劳动者每超过工作时间一小时罚款 100 元以下的标准对用人单位进行处罚。

三、企业在休息日安排劳动者开会或培训是否应支付加班费？

认定开会或培训是否属于加班要确定两个要素，即是否由用人单位安排，以及是否在法定标准工作时间之外。

如果企业将会议或培训安排在工作日的工作时间以外或者法定休假日的，目的是为保障生产经营服务，并且要求劳动者必须参加的，属于延长劳动者的工作时间，增加了额外的工作量，应认定为加班，需按照国家有关规定向劳动者支付加班费。

《工资支付暂行规定》第十三条规定，用人单位在劳动者完成劳动定额或规定的工作任务后，根据实际需要安排劳动者在法定标准工作时间以外工作的，应按以下标准支付工资：

1. 用人单位依法安排劳动者在日法定标准工作时间以外延长工作时间的，按照不低于劳动合同规定的劳动者本人小时工资标准的 150% 支付劳动者工资；

2. 用人单位依法安排劳动者在休息日工作，而又不能安排补休的，按照不低于劳动合同规定的劳动者本人日或小时工资标准的 200% 支付劳动者工资；

3.用人单位依法安排劳动者在法定休假节日工作的，按照不低于劳动合同规定的劳动者本人日或小时工资标准的300%支付劳动者工资。

四、加班和值班如何区分？待遇有何差别？

加班与值班的区别在法律上并无明确规定，但按照一般的理解，有以下几点区别：

1.工作内容不同。加班是在法定工作时间之外，用人单位基于生产经营的需要，对劳动者工作时间的延长。实践中，用人单位因安全、消防、节假日值守等需要，安排劳动者从事与本职工作无关的任务，或安排劳动者从事与本职工作有关的任务，但在此期间可以休息的，均可认定为"值班"。

2.工作强度不同。加班系劳动者对本职工作的延续，其工作强度与正常工作期间相当。而值班往往是基于安全、消防、节假日值守等特殊和临时性安排，一般还可视情况进行休息，故对劳动者工作强度要求不高。基于这种情况，加班时长需要遵守《劳动法》第四十一条规定，而值班并无时长限制。

3.劳动待遇不同。根据《劳动法》第四十四条的规定，延时加班的应支付不低于150%的工资；休息日加班又不能安排补休的，应支付不低于200%的工资；法定节假日加班的，应支付不低于300%的工资。实践中，劳动者就值班事实要求用人单位支付加班费的，裁判机构一般不予支持，但劳动者可以依据劳动合同、规章制度、集体合同等要求用人单位支付相应的值班待遇。

五、计件工资制是否应支付加班费？

计件工资制是一种报酬计算方式，并不能改变劳动者在法定工作时间以外工作这一事实。劳动者只要在法定工作时间以外工作就应当认定为加班，而只要是加班，用人单位就应当向劳动者支付加班工资，而不能以工作任务完成形式为借口混淆工时法律制度。

《工资支付暂行规定》对实行计件工资制的加班情况规定：实行计件工资的劳动者，在完成计件定额任务后，由用人单位安排延长工作时间的，应根据上述规定（《工资支付暂行规定》第十三条）的原则，分别按照不低于其本人法定工作时间计件单价的150%、200%、300%支付其工资。

六、实行"大小周"工作制合法吗？

"大小周"工作制在互联网公司非常普遍。所谓"大小周"，是指这个星期上6天班，下一个星期上5天班，再下个星期又只休1天，如此循环。

根据《劳动法》有关规定，工时制度分为标准工时、综合计算工时和不定时工作制。"大小周"工作制属于特殊工时制度，只有经过劳动行政部门审批后方可实施。

不过，实行"大小周"工作制的基本前提是必须确保劳动者的劳动时长不能超过《劳动法》规定的年度总工时，超过后，企业须向劳动者支付相应的报酬，否则就是违法，企业将为此承担法律责任，员工也可依法向企业追讨应得报酬。

七、"奋斗者协议"合法吗？

近年来，还有少数企业鼓励职工与其签署"奋斗者协议"，鼓励职工成为"公司奋斗者"，自愿加班，放弃带薪休假，放弃加班费，甚至有企业要求职工在个人能力不足时接受公司淘汰，并承诺不与公司产生法律纠纷。实际上，根据《劳动法》有关规定，这些所谓的"奋斗者协议"是违法和无效的。

（资料来源：综合人力资源和社会保障部、工人日报、北京青年报等）

知识拓展

（一）一分钟学宪法 | 什么是劳动权（图 3-3-4）[①]

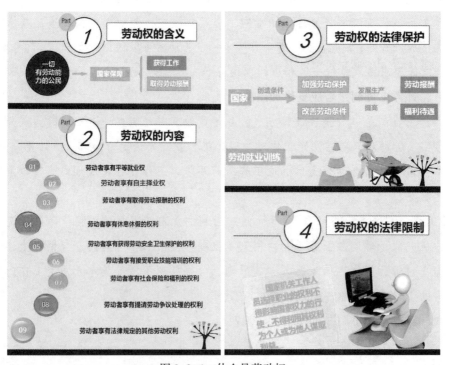

图 3-3-4　什么是劳动权

---

① 来源：中国普法网，2019-08-23。

（二）什么是拒不支付劳动报酬罪（图 3-3-5）？[1]

图 3-3-5 什么是拒不支付劳动报酬罪

小结

本章涉及劳动安全、劳动卫生、劳动禁忌、劳动法律法规和劳动者的合法权益与劳动者应履行的义务等。劳动安全是人类社会得以生存和发展的首要前提。在生产和劳动过程中，人是最宝贵的并且在生产力各个要素中起着决定性作用的因素。消除生产和劳动过程中的不安全和不卫生因素，可最大限度地减少和避免各类事故的发生。此外，创造舒适安全的劳动环境，可以激发劳动者的劳动热情，充分调动

① 来源：中国普法网，2019-08-23。

劳动者的积极性，发挥劳动者的主动性，进而有利于提高劳动生产率，提高生产和劳动带来的经济效益。再者，在安全从事劳动的前提下，劳动者要了解与自身相关的劳动法律法规，学会维护自身的合法权益。保护劳动者的合法权利和利益，是我国法律赋予的责任，是促进社会公平正义、在发展中保障民生、构建中国特色社会主义和谐社会的基础。

实践任务安排

以 4~6 人小组为单位完成以下活动任务：

1. 各小组讨论什么是劳动者权益？

2. 各小组讨论在就业过程中，大学生如何行使自己的合法权利和履行应尽的义务？进行归纳，制作多媒体课件，派一名同学在课堂中讲解多媒体课件。

3. 情景模拟加班加点过程。

第四章
劳动与就业

引导语

　　劳动作为人生的重要实践活动，在每个人的生命历程中都扮演着重要的角色。大学时期面临的一个重要任务就是为未来职业选择和职业发展做好充分的准备，进入大学就奏响了劳动的"序曲"。在时代背景下，如何正确看待就业竞争压力，如何做好职业规划和就业前的准备，是当代大学生的重要人生课题之一。作为当代大学生，要树立正确的劳动意识和就业意识，正确看待职业分类，积极进行就业规划，在实践中锻炼劳动能力，提升自我的综合实力。

知识导览

　　正确认识就业
- 就业相关概述
- 当前大学生就业现状
- 做好就业准备

劳动与就业

　　锻炼劳动能力
- 劳动能力概述
- 大学生应具备的主要劳动能力
- 大学生劳动能力的培育途径与方法

第一节 正确认识就业

一、就业相关概述

（一）就业与劳动教育

就业是指在法定年龄内有劳动能力和劳动愿望的人们所从事的为获取报酬或经营收入而进行的活动。就业具有社会性、经济性、流动性、变动性以及计划性等特征。

就业的实质是实现劳动者与生产要素的相互结合，大学生就业是高等教育培养人才的出口途径，在劳动分工的现实背景下，实现更充分、更高质量的就业既是社会对高等教育的要求，也是个体接受高等教育的现实诉求。新时期的劳动教育要以大学生就业为依托，以实际就业市场需求为导向，将培养德智体美劳全面发展的学生为目标转变为学生自我提升、追求卓越的自我驱动力，将劳动教育内化为与生活习惯、工作习惯、价值取向等密不可分的组成部分，促进劳动教育健康稳定发展，不断提升就业质量以及社会认可度。

（二）劳动就业制度

劳动就业制度是为具有劳动能力的公民获得职业提供劳动和工作单位的制度。大学生作为国家重要的人才资源，为了实现人才价值，在不同的社会经济条件下，国家会实行不同的劳动就业制度，以引导大学生就业。具体而言，我国劳动就业制度经历了统包统分阶段、供需双向选择过渡阶段和大学生自主择业阶段。

1. 统包统分阶段

统包统分阶段从中华人民共和国成立初期一直延续到20世纪80年代。大学生作为一种稀缺资源，为了与当时计划经济体制以及社会经济建设需要相配合，中央提出了"统一计划、集中使用、重点配备"的就业原则，这一措施既保障了高校毕业生就业，又为社会各行各业提供了人才，同时向边远地区、艰苦行业输送了急需人才，保证了社会的正常运转。但是这种政策在一定程度上滋生了毕业生"铁饭碗"心理，忽略了毕业生的个人发展意愿以及工作积极性，造成了企业"等、靠、要"的心态，不利于企业完善用人机制。

2. 供需双向选择过渡阶段

20世纪80年代中期到90年代末，我国逐渐进入由供需见面到双向选择的大学生就业过渡阶段，这一阶段的就业政策在一定程度上缓解了"统包统分"造成的人才分配与社会发展的矛盾，使毕业生和用人单位都拥有了一定的自主权。

3. 大学生自主择业阶段

自 1999 年高等院校全面扩招以来，我国高校毕业生就业政策逐渐变成以市场为导向的自主择业阶段。2000 年，在全国教育工作会议上，中央正式提出"不包分配，竞争上岗，择优录取"的就业制度。

一是毕业生自主就业阶段。2000—2002 年间，国家倡导大学生自主就业，这一政策使用人单位对人才招聘有了更多的自主选择权，各高校也能根据就业数据准确把控市场信息，及时调整人才培养目标和方案。但在实施过程中由于高校专业教育相似以及毕业生就业观念不一，导致这项政策的优势与劣势同时显现。

二是毕业生自主创业阶段。2002 年以后，随着高校普遍扩招，毕业生人数急速增加，为了缓解严峻的就业形势，国家政策、社会各行业引导大学毕业生自主创业成为一种趋势。自 2008 年以来，国家以及各省市出台了各种政策鼓励大学生自主创业，例如工商和税务部门简化审批手续、人社局免费面向大学生开展创业知识培训，还有创业担保贷款和贴息、免收有关行政事业性收费等，都为高校大学生掀起创业热潮奠定了政策基础。

二、当前大学生就业现状

（一）大学生就业选择多元化

随着全面深化改革的推进，现代产业结构日趋完善。为促进高校毕业生就业，各地区各部门多方位拓展就业领域，为促进大学生多元化就业提供了机会。

一是涌现出了一大批新就业形态。传统产业持续进行优化升级的同时，新能源、新材料、绿色环保等新兴产业迅速崛起，人工智能、大数据等技术加速融合；与此同时，各地区各部门出台了一系列灵活性就业政策，支持拓展新就业形态，就业机会明显增多，大学生实现就业比以往更加灵活多样，有了更多选择。

二是政策性岗位不断增量。为保障大学生就业，教育部会同有关部门在拓展就业岗位的同时，全力开发落实政策性就业岗位，如公共部门增加就业岗位，"三支一扶"和地方补充项目吸纳更多的高校毕业生。另外，在"大众创业、万众创新"的背景下，"双创"政策逐渐完善，大学生选择创业的人数逐渐增多，以创业带动就业，已成为实现高质量就业的重要渠道之一。

（二）大学生就业招聘网络化

随着互联网的发展，线上求职招聘有效弥补并拓展了线下招聘的固有模式，在现有环境下发挥出积极作用。

一是广泛开展校园网络招聘。为更好地推动大学生就业，相关就业主管部门打破原有工作模式，改变以往线下校园招聘为主的招聘格局，积极向网络招聘模式切换，"云"招聘、"云"宣讲活动的增多与线上线下招聘的有机结合，确保了大学生就业工作的有序推进。

二是整合社会网络招聘资源。为顺应社会信息化发展趋势，部分就业招聘平台加强与各省市级平台建立关联，推动线上就业招聘活动的升级与整合，为大学生网络招聘提供了更为安全、可靠的支撑。网络招聘减少了空间和时间上的限制，大学生足不出户就能完成简历投递、笔试、面试、签约等就业招聘环节，节省了更多的人力、物力和精力成本。

（三）大学生就业市场区域化

人才是创新的第一资源。人才作为第一生产力，留住人才、用好人才使就业市场的区域化作为一种发展趋势，正在不断走向成熟。

一是区域发展的现实需要。"十四五"期间，国家确定了推动高质量发展的主基调，促进大学生实现更加充分更高质量就业既是国家战略实施和地方经济发展的紧迫需要，也是高校毕业生资源优化配置的客观要求。各省市人才招引政策的相继出台，彰显出地方吸纳人才的能力，招才、引才、育才力度的不断加大，为大学生区域内就业创造了条件。高校与地方经济建设的结合，是促进大学生就业区域化的基础，校产对接更加紧密，合作领域不断拓宽，地方优质企业纷纷走进大学校园，招聘场次与岗位数量供给明显增多，为大学生就业市场区域化构建提供了保障。

二是人才培养的靶向聚能。近年来，高校立足服务地方产业转型升级，促进区域经济可持续增长，努力强化人才培养特色，积极打造校城融合共同体，加强了高质量人才培养的精准定位，聚焦地方核心产业的目标靶向也更加明确，为区域经济持久发展提供了不竭的人才来源，注入了新生力量。

现今，我国高等教育已从"精英化"过渡到"大众化"。在"普及化"的阶段，社会和家庭也应该重新"找准"对大学生的期待。《"十四五"就业促进规划》中提到，在"十四五"时期，我国将拓展新产业、新业态、新模式领域的就业创业机会，对接产业优化布局、区域协调发展和重点行业企业的人才需求，完善人力资源的需求预测、要素配置、协同发展机制，支持青年到急需紧缺的领域就业创业。因此，作为高校毕业生，也应该找准定位，不断提升劳动能力，以适应国家和社会对人才的需求。

三、做好就业准备

（一）正确认识职业分类

职业分类，是根据一定的规则、标准及方法，按照职业的性质和特点，把一般特征和本质特征相同或相似的社会职业，分成并统一归纳到一定类别系统中去的过程。进行职业分类，既有利于国家对职工队伍进行分类管理，也为各个职业确定工作责任及完成工作所具备的职业素质提供了依据。

2022年版《中华人民共和国职业分类大典》（简称《大典》）运用科学的职业分类理论和方法，参照国际标准，借鉴国际先进经验，充分考虑我国社会转型期社会分工的特点，按照以"工作性质相似性为主、技能水平相似性为辅"的分类原则，与2015年版《大典》相比，增加了法律事务及辅助人员等4个中类，数字技术工程技术人员等15个小类，碳汇计量评估师等155个职业（含2015年版《大典》颁布后发布的新职业），将我国职业分类体系调整为：8个大类，79个中类，449个小类，1636个职业，并标注了133个绿色职业，97个数字职业。大类具体如下：

第一大类：党的机关、国家机关、群众团体和社会组织、企事业单位负责人。

第二大类：专业技术人员。

第三大类：办事人员和有关人员。

第四大类：社会生产服务和生活服务人员。

第五大类：农、林、牧、渔生产及辅助人员。

第六大类：生产制造及有关人员。

第七大类：军队人员。

第八大类：不便分类的其他从业人员。

职业无高低贵贱之分，只有社会分工不同。各类社会职业都是人们相互依存的基础、必备的条件和要素。作为当代大学生，要发扬"崇尚劳动、尊重劳动、热爱劳动"的优良品质，正确认识职业分类，积极参与劳动实践，在实践中增长才干、磨砺品格，做新时代德才兼备的复合型人才。

案例：人社部发布最缺工 100 个职业排行[①]

2021 年 4 月 26 日，人力资源和社会保障部发布最缺工的 100 个职业排行，有 29 个职业新进榜，其中 20 个职业和制造业直接相关，占比约 69%。汽车生产线操作工首次进入前十名。

此次发布的最缺工的 100 个职业排行前十名的职业分别为：营销员、餐厅服务员、保安员、客户服务管理员、房地产经纪人、保洁员、家政服务员、快递员、汽车生产线操作工和包装工。

记者注意到，在此次发布的排行中，和汽车生产、芯片制造有关的职业排位显著上升，除汽车生产线操作工外，汽车零部件再制造工、电池制造工、印制电路制作工、半导体芯片制造工等也是新入榜职业。人社部中国就业培训技术指导中心主任说："这和我国一季度工业生产的稳步回升、制造业增势良好的态势基本吻合，人力资源市场的走势从一个侧面印证了一季度工业增长的态势。"

本次排行显示，服务业不同类别职业需求有升有降。生活服务类职业需求有所缓解，保育员、婴幼儿发展引导员、养老护理员等排位下降；与餐饮、旅游等相关的消费类职业需求加大，中式烹调师、客房服务员、餐厅服务员等职业排位上升。

据了解，2021 年一季度 100 个最缺工职业岗位需求，从 2020 年四季度的 141.8 万上升到一季度的 166.5 万，环比增长约 17.4%。求职人数从去年四季度的 48.9 万增长到 60.9 万，增幅约 24.5%。从一季度来看，无论是需求人数还是求职人数都有较大幅度增长。招聘需求大于求职人数的缺口数约 105 万，环比增长了约 13.7%。从最缺工的 100 个职业来看，求人倍率（招聘岗位数量与求职人数比值）虽有所下降，但总体上来看，一季度市场供求关系仍处于偏紧的状况。

二维码 4-1-1　如何搜集就业信息

本次最缺工的 100 个职业排行，是中国就业培训技术指导中心组织 102 个定点监测城市公共就业服务机构统计出来的结果。

（二）积极进行就业规划

职业规划是个人对职业发展的主客观条件进行分析判断，对自身兴趣爱好、能力特点进行分析权衡，逐步形成符合自身特点的职业倾向，确定最合适的职业发展

[①] 来源："学习强国"平台，2021-04-28，有改动。

目标，付诸明确、有效的行动。职业规划具有长期性、全面性、动态性以及差异性等特征。做好职业规划有利于个体认识自我以及达成自我实现、有利于社会资源实现最优配置。就业是职业的开始，而职业规划是为了更好地就业，是根据自身的特质来择优就业，在大学阶段积极进行就业规划应注意以下两点：

一是稳定性与流动性相统一。2016 年 11 月，国际劳工组织发布了《世界非标准就业：理解挑战 塑造未来》的报告，报告将非标准就业分为了"临时性就业；非全日制工作；临时介绍所工作和其他多方雇佣关系；隐蔽性雇佣关系和依赖性自雇就业" 4 种类型。经济全球化背景下就业不平衡、技术进步产生的就业替代、产业结构调整带来的就业形式改变以及"互联网 +"创造的新就业机会等打破了长久以来的"铁饭碗"思维，促使个体接受灵活就业的挑战。

从国际、国内形势而言，工作的流动性成为突出的时代特征。在流动性的工作世界中，个体的职业选择很难像过去那样在某一岗位"从一而终"，人们在职业生涯中多次变换岗位甚至跨入多个行业，"跳槽"成为司空见惯的现象。当代工作流动性的特征不应该成为当代大学生朝三暮四的就业观的说辞，任何一份工作，都需要劳动者持续辛勤地付出，才能有所收获。中国青年网和广州日报曾经对"95 后"青年进行就业观调查，其中"我高兴"成为占比较多的就业观。于这批人而言，衡量是否继续干下去的工作源于内心和情感上的愉悦感。这种就业观是十分危险的，工作的流动应该建立在一定程度的稳定基础之上——择业应是基于长期坚守、认真付出之后的理性思考，而非不负责任的"裸辞"和头脑发热的转行。

案例：大学生就业要增强职业规划意识与能力①

近日，清华大学硕士毕业卖保险、中国传媒大学硕士当房产中介的报道引起了社会关注，也引发了舆论对名牌大学毕业生职业选择及其背后反映的就业价值观的讨论。

自由择业既是我国《劳动法》赋予包括高校毕业生在内的所有劳动者的法定权利，也是社会主义市场经济背景下劳动力市场的应有之义和内在要求。同时，这也有助于鼓励大学生个性化发展，充分发挥大学生的聪明才智，实现"人尽其才，才尽其用"和"三百六十行，行行出状元"的美好愿景。

———————————

① 来源：中国教育报，2021-07-16。

高学历名牌大学毕业生从事保险或房产中介反映了当前大学生职业选择日益多样化的特征。究其根源，这一现象出现的客观原因在于随着我国经济的快速发展，职业分工日益细化、新兴行业职业不断涌现，各行各业对于高学历高素质的优秀人才的需求也越发高涨。此外，随着高等教育大众化与普及化，毕业生人数不断增加，就业难的客观现实与日益严峻的就业形势让毕业生倾向于降低职业预期而采取"先就业，再择业"的策略。更为重要的是，这一现象集中反映了成长于个性化发展环境的大学毕业生的就业价值观越来越多元，在职业选择时优先考虑是否可满足自身的个性化需求。

诚然，职业选择是每个人的自由和权利；根据自身条件和需求选择合适的职业和岗位既有助于大学毕业生实现自我，也同样可以为社会作出应有贡献。对此，社会各界应接纳职业选择的多样性，并予以包容和理解。

但大学生从事保险或房产中介这一现象之所以引起热议也从侧面反映出当前大学生就业价值观存在的问题。例如，就业选择随意化、岗位与所学专业匹配度低，冲动就业和短视而缺乏长远规划等。大学生就业既关系着毕业生的个人职业发展和千万家庭的幸福生活，也关系着国家经济高质量发展和社会和谐稳定。因此，理想的状况是，在选择时将实现个人理想与国家和社会的发展需要紧密结合起来，坚持学以致用和终身学习的理念，增强职业规划和专业发展的意识与能力。

大学毕业生应把家国情怀融于不懈奋斗中，将实现个人理想与国家社会发展需要紧密结合。大学生是青年群体中的佼佼者，在职业选择和就业价值取向上应坚持把工作岗位放到国家发展大局中进行思考和定位，将个人职业发展同社会发展紧密融合，实现个人价值与社会价值的协调统一。

作为高层次专门人才，大学毕业生应坚持学以致用和终身学习的理念。科学技术和社会经济发展日新月异，传统职业不断消亡而新兴职业不断涌现，这给大学生职业选择带来了极大挑战。但是，万变不离其宗，大学生选择职业时应考虑所学专业与工作岗位的匹配度，更应该在工作实践中不断学习、坚持探索、钻研业务、增长本领，才能提升专业能力和综合素质。

作为自主择业的主体，大学毕业生应增强自身职业规划的意识和能力。大学毕业生既享有自主择业带来的福利，也面临着如何自主规划职业发展路径的新挑战。大学生应形成对自我、社会和职业的正确认知，在社会实践和专业学习过程中培养正确的就业价值观。在此基础上，大学生应树立远大志向、目光长远，规划和选择合适的职业发展路径，避免冲动就业或不理性就业。

二是主观愿望与客观现实相统一。近年来，"就业难"话题引起了高校学生、社会乃至国家的高度关注，造成"就业难"的原因既来自高校扩招，毕业生人数逐年递增所带来的竞争问题，也来自高校专业设置与就业市场需求不匹配的问题，更来自人才培养的滞后性问题以及个人选择的差异性问题。在这种形势下，"先就业后择业"和"先择业后就业"成为两种选择。"先就业后择业"指的是先在能力范围之内找一份差不多的工作，然后再根据自己的工作实际情况进行调整。"先择业后就业"是在就业之前有明确的目标，并做好充分的准备，根据个人实际情况选择与目标相匹配的岗位。事实上，就业与择业之间并没有冲突，都是在选择过程中不断增强自身能力，在不断尝试后才找到适合自身的职业道路。

作为高校毕业生，在进行职业规划的过程中，既要充分考虑个人性格、社会观念、工作意向等因素，更要及时了解社会经济、文化及其相关产业的发展情况，在发现和弥补不足中对自身能力进一步深入探索，不断改善和优化未来发展路径（图4-1-1）。

就业规划的最终目的是使每个人都对自我有清晰的认识，在人生变幻中找到合适的位置。作为当代大学生，要在了解客观现实的基础上，做出适合自己的选择。

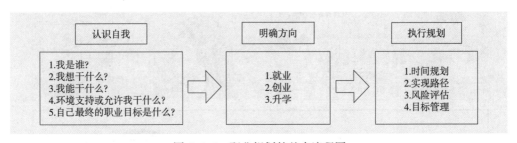

图 4-1-1 职业规划的基本流程图

实践任务安排

1. 结合个人发展的实际情况，制定一份中长期职业发展规划。

2. 以学习小组为单位开展一次企业调研，分析当前社会用人需求现状，并撰写一篇调研报告。

知识拓展

反诈漫画：就业培训诈骗（4-1-2）

图 4-1-2　反诈漫画：就业培训诈骗

@ 高校毕业生，这份就业创业"礼包"请收好！（图 4-1-3）[①]

图 4-1-3 高校毕业生就业创业"礼包"

① 来源：中国政府网，2021-06-30。

第二节 锻炼劳动能力

一、劳动能力概述

劳动能力是劳动者以自己的行为依法行使劳动权利和履行劳动义务的能力，是体力劳动和脑力劳动的总和。它包括一般性劳动能力、职业性劳动能力和专门的劳动能力。

一般性劳动能力，多指日常所需的劳动能力，包括为自己服务的穿衣、吃饭等和为他人服务的简单体力及脑力劳动。

职业性劳动能力，是指经过专业训练，具备专门知识的劳动能力，如工程师、教师等。

专门的劳动能力，是指有些职业中专长性很强的劳动能力，如歌唱家、钢琴师等。

案例：为预警机焊接"神经" [1]

预警机，被称作"空中指挥官"，不但能够及时搜索信息、预警危险，而且在飞行过程中，能够随时指挥队伍的飞行和战斗，是整个飞行队伍的神经中枢，而这一切指令都来自预警机上一个不足一元硬币大小的元器件，完成这项工作的人，就是中国电子科技集团有限公司第29研究所的电子精密焊接女技师潘玉华。

潘玉华曾一个人完成了北斗卫星核心部分的装配任务，当时的要求是在一个一元硬币大小的器件上，完成1144根铅柱的焊接，她练就的"植柱"工艺，出色地完成了在器件体积缩小一半的条件下，植入同样铅柱数量的高难度任务，且精度达到50μm（微米），无一差错，让预警机发挥了"眼睛和大脑"的作用，也为北斗卫星的研制提供了强有力的保障，将×代导航型号的研发周期缩短一年，填补了国内空白，达到行业先进水平。

---

[1] 来源："学习强国"平台，2021-08-02。

为了跟上时代步伐，她每个月的工资基本都花在了买二手的电子元器件和产品上，不断学习电装知识，主动学习新技术、新工艺、新设备。为了练就过硬的本领，她不断加强心、手、眼协调的训练，如用镊子夹起头发丝、芝麻粒，水杯投硬币等，最后做到不用直尺测量，也可非常准确地说出两个元器件之间的距离。

熟练的技术非一朝之功，平时的练习必不可少，而任何一项技术、任何一个工艺，都只是复杂技术链条上的一个环节，需要多部门、多环节团结协作共同完成。因此，劳动者都需要不断锻炼劳动能力，大胆探索创新，适应新形势，紧跟时代步伐，用新思维、新方法、新工艺来解决老问题和新问题，同时，要发挥团队合作的力量，勇攀新高峰，创造新成绩。

二、大学生应具备的主要劳动能力

大学时期是人生的"拔节孕穗期"，需要精心引导和栽培。对于大学生而言，不仅需要掌握一些劳动知识，还需要收获一些生活、学习、工作的技能，更需要不断增强自身的动手实践能力和创新能力。从当前用人单位对大学生能力的需求来看，这些能力主要包括专业技术能力、学习能力、团队合作能力、人际交往能力、沟通能力、分析和解决问题的能力、创新能力等。基于此，我们可以将大学生应该具备的主要劳动能力归纳为专业知识能力、方法能力、社会能力与自我发展能力、关键劳动能力。

（一）专业知识能力

专业知识能力是指从事劳动所需要的专业知识与技能的能力。专业能力强调的是应用性和针对性，主要包括运用从事某种劳动必备的专业知识与技能的能力，适应劳动内容变换的能力，将工程技术、安全、经济、法律、美学等方面的知识运用于实际的能力。古希腊哲学家柏拉图在《理想国》中曾说："知识是一切能力中最强的力量。"

白芝勇[1]，中国中铁一局宝鸡（五公司）精密测绘公司高级测量技师，先后参与了40多条国家重点铁路和20多条公路、城市轨道等工程建设的线路复测、工程精测工作。他以扎实的专业知识能力，出色地完成了各项复杂任务。如在南京市纬三路过江隧道建设中，白芝勇在充分考虑沉降、偏压、潮涨潮落对基准点的影响情况

---

[1]　精测专家：白芝勇。来源："学习强国"平台，2019-08-21。

下，采用了即时基准点进行 GPS 定位、洞内交叉导线网、增加多个测量环、陀螺定向等多项技术手段，最终，2015 年 7 月，"天和号""天和 1 号"孪生盾构机以刀盘周圈平均贴合接收钢环误差 12mm 的高精度缓缓驶出长江南岸接收井，完成过江隧道贯通。

（二）方法能力

方法能力是指从事劳动活动所需要的工作方法、学习方法等方面的能力。方法能力强调的是合理性、逻辑性和创新性，主要包括分析与综合能力、决策和迁移能力、信息接收和处理能力、自学能力、提出合理化建议的能力、审美和创造美的能力、创新能力等。

决策能力是决策者所具有的参与决策活动、进行方案选择的技能。迁移能力是那些能够从一份工作中转移运用到另一份工作中的、可以用来完成许多类型工作的技能。信息接收和处理能力是指理解、获取、利用信息的能力及利用信息技术的能力。理解信息即对信息进行分析、评价和决策，具体来说就是分析信息内容和信息来源，鉴别信息质量和评价信息价值，决策信息取舍以及分析信息成本的能力。自学能力是指在没有教师和其他人帮助的情况下自我学习的能力。

白芝勇在 20 多年间，不断研究测量仪器在空气湿度、阳光强度、粉尘含量、风力强弱等自然因素影响下的准确度和精准度，练就了快速、准确的测量技能，成为解决现场难题的高手。2005 年夏天，施工人员在精伊霍铁路北天山隧道施工过程中，因掘进控制测量连续两次数据都不一致，于是请求白芝勇团队的帮助。白芝勇团队进驻现场后，很快发现新疆的光线太强，在黑暗的隧道里光线会产生折射现象，从而影响测量观测目标。因此，白芝勇打破常规，让施工方在距隧道边墙 1m 左右的线路和隧道中心线上，分设边布减弱光线，再把进洞测量时间由白天调整到晚上，经过多次反复测量，数据终于完全吻合。

（三）社会能力与自我发展能力

社会能力是指从事劳动获得所需要的社会行为能力。社会能力强调的是对社会的适应性，具有积极的人生态度，主要包括交往与合作能力、塑造自我形象的能力、自我控制能力、反省能力、适应变化的能力、抗挫折能力、推销自我的能力、谈判能力、组织和执行任务的能力、竞争能力等。

自我发展能力是指充分利用环境的有利条件，提升自身素质的能力。它包括了解自我、评价自我、设计自我、终身学习的能力，了解环境、适应环境、利用环境、改造环境的能力。

自我发展能力是一种可持续发展的能力。拿破仑说，"不想当将军的士兵，不是好士兵"，但想当将军仅仅是一种可持续的愿望、一种意向，能不能当将军，除了机遇，还取决于自我发展能力。

白芝勇 1999 年从技校毕业进入中铁一局五公司后，很快发现与大学精测专业毕业的同事存在很大差距，于是，工作之余努力学习，2005 年完成了专科学习，2009 年完成了本科学习。在勤学苦练基本功的同时，他还喜欢思考琢磨，2004 年在中铁一局举办的测量工技能大赛中，他另辟蹊径，在比赛中用计算器编写出一个小程序，仅用时 42min 就完成了外业观测和内业计算两项复杂任务，引起轰动，从普通的技校毕业生成长为一个本科生，从工民建专业的学生成长为建筑施工精密测量专家，从普通工人成长为陕西省"技术状元""全国知识型职工""全国最美职工""全国劳动模范"。

（四）关键劳动能力

关键劳动能力，主要包括执行操作能力、团队合作能力、沟通表达能力、革新创造能力等。其中执行操作能力，是指将设计、规划、决策转化为产品的能力，包括对任务的理解能力，了解办事程序能力，在与物打交道时具有操作使用工具的能力。团队合作能力，是指与他人配合、协作共同完成任务，以实现团队目标的能力。沟通表达能力，是指理解他人表述的能力和将自己的观点、意图用适当的方式转达给对方，使对方能正确理解的能力，包括理解对方语言、表情、动作的能力；阅读并理解文件、报告、文章的能力，使用口头与书面语言，表达自己观点与意图的能力；操作使用合适的通信、联络工具，做到信息的及时通达的能力。革新创造能力，是指在已有成果基础上对影响劳动效率的部分进行改进，以求提高劳动效率的能力。其本质是不满足已有的知识经验，努力探索客观世界中尚未被认识的事物规律，发现解决问题的新方法，包括了解并利用现有成果的能力、发现问题的能力、创造性解决问题的能力。革新创造能力发挥的重要前提是善于发现问题、敢于解决问题，不怕挫折。

白芝勇和团队多年来不断创新，申请"新型建筑物变形监测标""简易棱镜照明装置""精密测量仪器防风蓬"等专利 10 余项，攻克科研、论文、工艺工法 30 余项。其中"多功能底座模板精调棱镜适配器"就来源于一次高铁施工的技术攻关。高铁施工要求精度高，尤其是铁轨板整体道床的 CP Ⅲ 测量，精度误差要求在 3mm 以内，只有在这样的精度下，才能保证高铁在全天候的自然条件下安全高速运行。白芝勇团队在前期工作中，每次的测量误差均有 5mm，为了解决这一难题，白芝勇团队找到了一块 $50cm^3$ 的正方形铁块，将其中一个四分之一角切掉，并使切面整体平滑，然后在使用过程中将这个铁块卡在整体道床上，从而解决了这一测量难题。

二维码 4-2-1　大学生劳动能力的培育途径与方法

专业知识能力、方法能力、社会能力与自我发展能力、关键劳动能力等都是大学生应该具备的主要劳动能力，大学生可以进行自我对照，明确自身的优劣势，找到合适的培育途径与方法，有效提升自己的劳动能力。

三、大学生劳动能力的培育途径与方法

中共中央、国务院《关于全面加强新时代大中小学劳动教育的意见》（2020 年 3 月 20 日）中特别强调，在劳动教育中家庭要发挥其基础作用，学校要发挥其主导作用，社会要发挥其支持作用。因此，大学生要充分利用家庭、学校与社会的条件与资源，积极参与家庭劳动、校园劳动和社会劳动，从而提升自身的劳动能力。

（一）参与日常生活劳动

日常生活劳动是指可以直接满足日常生活需求的劳动，日常生活劳动是在具备日常生活条件的基础上对生活条件进行改造的劳动。大学生可以做一些家务劳动、校园劳动来提升自己的劳动能力。

1. 参与家务劳动

家庭是孩子的第一所学校，家长是孩子的第一任老师。瑞典教育家哈巴特说："一个父亲胜过一百个校长。"德国教育家福禄贝尔说："母亲摇动摇篮的手是摇动地球的手。"由此可见，父母对子女的影响非比寻常。在家务劳动中，父母要以身作则，做好家务劳动，给孩子做好示范，做好榜样。大学生基本都已成年，一般所有的家务劳动都可以做，并且还可以做一些相对复杂或专业的家务劳动，因此，非常有必要让大学生参与到家务劳动中，如洗衣、做饭、打扫卫生、整理或美化房间、缝补衣物、维修家具家电（图 4-2-1）、农活等，让他们掌握好家务劳动的知识与技能，懂得劳动的真谛，明白"劳动最光荣、劳动最崇高、劳动最伟大、劳动最美丽"的道理，从而真正做好家务劳动。

图 4-2-1　大学生暑假期间在家维修油烟机

通过参与家务劳动，不仅能培养大学生的逻辑思维能力和动手能力，还能培养大学生的独立生活能力。在参与家务劳动的过程中，简单劳动（如洗衣、做饭、打扫卫生、缝补衣服等）可以锻炼大学生的行动力和动手能力；复杂劳动（如维修家具家电、美化房间等）不仅可以锻炼大学生的行动力和动手能力，还可以锻炼他们发现问题、分析问题、解决问题的能力。大学生可利用假期参与家务劳动，这不仅能帮助大学生养成独立解决问题、不依赖别人的习惯，还能提升大学生的自我管理能力。当大学生涯结束时，拥有了洗衣、做饭、打扫房间、维修家具家电等这些生活能力，不仅可以增强大学生的生活适应能力和生活自信心，还能帮助他们更快更好地融入社会生活。

2. 参与校园劳动

校园是大学生劳动教育的主要场所，校园劳动的内容丰富多彩，大学生在校园里不仅可以在课堂上参与体能、技能、艺术等劳动，还可以在课外开展社团生活、寝室卫生、美化校园（图 4-2-2）、植树造林、垃圾分类、勤工助学等劳动。同时，丰富的校园劳动内容不仅能引导大学生热爱劳动、尊重劳动、崇尚劳动，还能激发大学生积极主动地进行诚实劳动、辛勤劳动和创造性劳动。

图 4-2-2　大学生开展绿化带杂草清理劳动

俗话说，素质是立身之基，技能是立业之本。只有勤于学习，学文化、学科学、学技能、学各方面知识，才能不断提高综合素质，练就过硬本领。因此，大学生要在专业知识学习中积累劳动知识，在专业实习、毕业实习中训练劳动技能，还要结合未来的劳动、工作、职业发展需要，学习劳动人权、劳动伦理、劳动关系、劳动条件、社会保障、薪酬福利、职业安全与卫生等方面的知识与技能。因此，大学生在日常学习与工作中，应勤学苦练，练就真本领。

一是练"眼"，这里主要讲的是训练观察力，练就"火眼金睛"。观察力是指大脑对事物的观察能力，通过观察发现新奇的事物，在观察过程中对声音、气味、温度等有一个新的认识。观察力，可以使一个人变得更加睿智、严谨，发现许多人所不能发现的东西。俄国教育家冈察洛夫说："观察和经验和谐地应用到生活上就是智慧。"大学生可以通过观察力的练习来改善注意力与学习力。

案例：为 0.1mm 伤痕练就"火眼金睛"[1]

郑明皓，中国铁路沈阳局集团有限公司沈阳高铁维修段钢轨打磨专修队队长。由他和四名职工所组建的钢轨打磨专修队，担负着该段哈大、盘营、沈丹高铁所有道岔的人工打磨工作，以保证高铁线岔设备的平顺性和稳定性，从而确保高铁列车安全畅通，提升旅客乘车的舒适度。郑明皓说："要想彻底消除钢轨表面细微的擦痕，就必须练就一双'火眼金睛'，哪怕只有0.1mm的伤痕，也要认真对待。"

二是练"耳"，就是训练大学生的听辨能力，在学语言、学音乐、学医、学建筑等专业的过程中，均可通过声音来发现问题。如胸部听诊，通过辨识不同的声音，从而鉴别器官是否异常；建筑声学，则通过声学设计来控制建筑物内部和外部一定空间内的噪声干扰和危害。因此，大学生可以结合自己的专业特色，练就一技之长。

案例：蒋观琪：城市"听诊师"[2]

蒋观琪，自来水集团禹通市政工程有限公司培训组检漏工作负责人，首都劳模奖章获得者。参加工作30多年来，始终默默无闻坚守在供水抢修、维修服务保障一线，面对各种地下管网纵横交错的情况，蒋观琪刻苦钻研技术，虚心求教、勤加练习，每次听漏结束后都将经验和教训记录下来，练就了精湛的本领，形成了独有的四大听漏法，即阀栓听音法、地面听音法、钻孔听音法、相关仪分析法。他总结了如污水井听声、观察道路有无明显凹陷、树木是否异常茂盛、结合帕马劳监测仪数据等多项实践经验，对于地下管沟、地下车库等特殊位置的疑难问题有很好的处理效果，并创新研制了"加长听音杆"，解决了井室过深、土质过硬等原因造成无法准确听测漏点的问题。他带领东四维修所暗漏听测人员连续多年超额完成公司全年任务指标，近十年来，共听测暗漏2000余处。

---

① 来源："学习强国"平台，2019-04-29，有改动。
② 来源："学习强国"平台，2021-01-19。

三是练"手"，就是提高大学生的实际动手能力，即提高专业操作技能熟练程度（包括动作的准确性、协调性、可靠性、灵活性）和工艺水平等。任何行业的高超技艺都不可能靠运气取得，只有倾注心血、刻苦钻研才能增长实力。

案例："金手天焊"，焊接火箭"心脏"的人[①]

高凤林，中国航天科技集团有限公司第一研究院首都航天机械有限公司特种熔融焊接工，高级技师。他 30 多年如一日从事火箭发动机喷管焊接工作，为练就一双"金手"，吃饭时会不自觉地用筷子比划焊接送丝的动作，端着茶缸喝水时就有意识地练习动作的稳定性，休息时会举着铁块练耐力，更曾冒着高温观察铁水的流动规律。他为火箭"焊心"38 年，攻克难关 200 多项，获得国家科学技术进步二等奖、全国劳动模范、全国五一劳动奖章、全国道德模范、最美职工等荣誉。

因此，大学生可以在日常生活劳动中，不断勤学苦练，让自己变得更加耳聪目明，更加心灵手巧。

（二）参与志愿服务劳动

志愿服务，是大学生利用自己的业余时间，以自愿且不要报酬的方式贡献自己的个人精力和时间去参与的社会服务，是一种典型的公益劳动。大学生作为志愿服务的主力军，为社会、为他人提供自己的无偿服务，是每一个大学生都应当认真践行的实践活动。志愿服务劳动一般可以分为校内志愿服务劳动和校外志愿服务劳动。

1. 校内志愿服务劳动

校内志愿服务劳动主要针对迎新、比赛、会议、校庆、文艺汇演等大型活动而招募一批有理想、有责任感的志愿者，进行场地布置、资料印发、食宿安排、人员接待、现场引导、秩序维护、新闻宣传等方面的志愿服务劳动（图 4-2-3）。

2. 校外志愿服务劳动

校外志愿服务劳动一般通过学校联系或学生自主联系的方式，以主题党日活动、"三下乡""三支一扶"等形式，深入社区、敬老院、康复中心、孤儿院、贫困村、

---

① 来源："学习强国"平台，2021-05-01。

灾难区等基地，提供知识宣讲、生活照顾、爱心捐赠、植树造林、治理污染、垃圾
分类、应急救灾等方面的志愿服务劳动（图 4-2-4）。

图 4-2-3　大学开展军训服装捐赠志愿服务劳动　　图 4-2-4　大学生在社区开展
文明劝导志愿服务劳动

志愿服务劳动，让大学生走进社区、走进农村，用他们的知识和热情服务于需
要帮助的人群，让他们积极投身于社会主义伟大事业中，奉献社会，服务人民。通
过志愿服务劳动，不仅可以深化大学生的知识能力，增长课本上接触不到的知识，
还可以提高大学生的劳动能力。而可以不断激励大学生积极投身志愿服务的力量则
来源于身边的榜样，榜样是一盏明灯，可以为大学生指引方向；榜样是一本书，可
以为大学生指点迷津。因此，大学生在日常学习、生活与工作中，要把身边那些优
秀的人当成自身学习的榜样，用他们的先进事迹来激励自己不断向前。

一是要善于观察。大学生要多留心观察身边的榜样们其学习与工作的思路、方
法和标准，多听、多问、多思，领悟榜样背后的"成功秘诀"。

二是要向榜样靠拢。大学生要善于把榜样们那些行之有效的方法和经验熟练地
运用到自己的学习和工作中，把学到的心得体会运用于实践，把对榜样的学习从"形
似"提升到"神似"，从而形成自己做好学问、干好工作的"窍门"和"捷径"。

三是要做到持之以恒。古人云：积跬步以至千里，积小流以成江海。大学
生要以坚持的恒心，坚强的毅力，点滴进步，日积月累，最后成为别人心中的
榜样。

案例:"90 后"护士小刘: 汶川地震被救, 长大后我就成了你[①]

　　2008 年, 汶川地震, 小刘所在的中学损毁严重, 交通受阻、通信中断, 无助地度过了一天一夜后, 终于等来了解放军的营救。怀着报恩的心, 大学毕业后, 小刘考取了陆军军医大学西南医院的文职人员, 面对突如其来的疫情, 她曾 2 次提交请战书, 在武汉"红区"直面生死、与死神赛跑的抗疫工作中, 她让所有人看到了她的成长, 看到了一个"90 后"对责任、对使命的诠释和担当。

(三) 参与实习实训劳动

实习实训劳动一般分类校内实训劳动与校外实习劳动。

1. 校内实训劳动

校内实训劳动主要是将劳动融入专业实训的实践课 (图 4-2-5), 重在培养大学生的专业技术能力和劳动能力, 大学生通过在做中学、在做中行、在做中思, 加强对专业理论知识的认识, 培养大学生的发散思维, 主动思考问题, 提高解决实际问题的能力, 协助大学生适应从学校到社会、从课堂到企业的角色变化。

2. 校外实习劳动

校外实习劳动主要依托校外实践基地、校企合作单位、毕业实习 (图 4-2-6), 采用集中实习和分散实习的形式, 让大学生进入企业实习, 增强大学生的就业能力; 同时, 把自己所学的专业知识运用到实践劳动中去检验, 找出理论学习与实践锻炼的

图 4-2-5　大学生开展校内测量实训

图 4-2-6　大学生开展校外测量实习

① 来源:"学习强国"平台, 2020-03-26, 有改动。

差距，让大学生能够更全面地去思考学习效果，促进大学生加强自主学习，提高自学能力。

实习实训劳动，可以让大学生体验到更多劳动的机会，不仅可以学到真正的技术与方法，还可以提高大学生的动手能力，让大学生进入社会后，更符合企业的要求，增强大学生的就业能力。

一是要有"明知山有虎，偏向虎山行"的闯劲。大学生要立鸿鹄志、做奋斗者，在大事、急事、难事和不可能的事情上，要有"狭路相逢勇者胜，明知不可为而为之，敢为天下先，敢啃硬骨头，敢接急难险事"的勇气与担当，坚定理想信念，不怕困难，勇于开拓，顽强拼搏，永不气馁，做到有勇、有谋、有智慧、有力量。

二是要有"为有牺牲多壮志，敢教日月换新天"的狠劲。大学生要转变思维，树立敢于突破、敢为人先的观念，突破常规，突破自我。以创新敢干的干劲，追赶先进，超越先进；以改天换地的精神，不怕挫折，勇往直前。

三是要有"咬定青山不放松"的韧劲。古人云：只要功夫深，铁杵磨成针。大学生要十年如一日地求真学问、练真本领；要知行合一、做实干家；要信奉"功成不必在我，而功力必不唐捐"，从本职岗位做起，发扬"钉钉子精神"，持之以恒，久久为功。

案例："荷花王子"——返乡创业大学生小何[①]

小何，30岁，重庆市人，共青团十八大代表、重庆首位"民间河长"、重庆市青联农业农村界委员、重庆响水滩农业开发有限公司法人。2015年，为照顾生病的父亲，"90后"的他放弃城里的工作，从重庆主城回乡创业，在三庙镇戴花村响水滩沿岸建起300多亩"太空莲"荷花池，用双手勾勒出"接天莲叶无穷碧，映日荷花别样红"的诗意蓝图，还带领乡亲们摆脱贫穷落后的生活面貌，所以老乡们亲切地称呼他为"荷花王子"。2017年，他自愿成为重庆市首位"民间河长"，义务负责三庙河余家滩至响水滩约2km河段的清污捞渣，在他的带动下，越来越多的村民加入环保志愿者队伍。

（四）参与创新创业劳动

创新创业劳动是带有创新亮点与实战训练的一种劳动，以团队项目为基础。在

---

① 来源："学习强国"平台，2019-11-09，有改动。

实施项目过程中，大学生既可以参与自主完成创新性研究项目设计、研究条件准备、实验数据分析、研究报告撰写、学术成果交流等劳动，也可以参与商业计划书编制、可行性研究分析、模拟企业运行、创业报告撰写、真实企业实践等劳动（图 4-2-7）。

图 4-2-7　大学生开展创新企业实战演练

通过参与创新创业劳动，既可以促进团队成员相互依靠、共同合作、善于交流、敢于质疑、勇于突破与创新，进行探究性学习，还可以让学生在实际操作与演练中系统而扎实地掌握中小企业管理的相关知识和技能，提高学生规避风险与承担风险的能力。

创新是指以现有的思维模式提出有别于常规或常人思路的见解，利用现有的知识和物质，在特定的环境中，本着理想化需要或为满足社会需求，而改进或创造新的事物、方法、元素、路径、环境，并能获得一定有益效果的行为。而创造是指将两个或两个以上概念或事物按一定方式联系起来，主观地制造客观上能被人们普遍接受的事物，以达到某种目的的行为。简而言之，创造就是把以前没有的事物生产制造出来，因此，创造最大的特点就是有意识地对世界进行探索性劳动。

一是要善于总结前人的经验和教训。任何一项创新都不是无源之水、无本之木，前人的经验和教训是大学生创新创造的基础，大学生可以站在巨人的肩膀上发现问题、分析问题和解决问题，尤其要善于总结前人失败的原因，通过改变方法和途径，充分利用前人的知识和智慧来创造性地解决当前遇到的一些新问题。

二是要善于积累相关知识。扎实的基础知识是培养创新意识和创新能力的根本，良好的基础知识和学习方法是创新成果诞生的良好基点，开阔的视野是大学生进行创新活动的条件，因此，大学生在学习本专业知识技能的基础上，还需要拓展其他方面的知识与技能，同时，通过培训、讲座、专题报告等途径，不断夯实自己的基础知识、提升自己的技能技术，开阔自己的视野。

三是要善于突破思维定势。在创新活动中，大学生不要迷信前人，不盲从已有的经验，不依赖已有的成果，要独立地、打破常规地去思考问题，比如"这个问题还能用其他的方式来表示吗？""可以将这个问题颠倒过来看看吗？""能用另一个问题来替换目前的问题吗？""能将自己的思考方向转换一下吗？""能将这个复杂的问题转换为简单的问题吗？""能将这个生疏的问题转换为熟悉的问题吗？"从而扩展自己的思维视角，多角度地去观察问题，进而发现新事物或找到解决问题的新方法。

案例：创新有心人竺士杰[①]

竺士杰，1980年生，宁波北仑第三集装箱码头公司桥吊班大班长，高级技师。通过多年的积累，竺士杰创造了"稳、准、快"操作法，创下一小时起吊104个标准集装箱的纪录，达到了国际领先的水准。2007年，宁波舟山港将此命名为"竺士杰桥吊操作法"。除了技术革新之外，竺士杰和他的团队还致力于优化操作流程、提升作业效率等生产、管理环节的创新。2016年，竺士杰带领团队对"桥吊一次着箱命中率"进行攻关，成功破解"桥吊着箱命中率监控"难题。2018年，工作室探索推进桥吊红外线激光检测双箱作业安全系统，为科技保障安全作出了新的贡献。从一名普通的码头工人、桥吊司机，成为一名全国劳动模范、全国技术能手、大国工匠，他在平凡岗位上创造出了非凡的业绩。

小结

当前，高校毕业生的规模虽年年攀升，但"政府—学校—社会"多方合力，多方保障，积极完善就业创业政策体系，构建就业服务支持体系，拓展多元化市场就业渠道，开发更多更高质量的就业岗位，畅通基层成长发展通道，助力大学生高质量就业。同时，当代大学生正身处第二个百年奋斗征程的起步阶段，正所谓生逢其时，因此，大学生更应惜时如金、孜孜不倦、心无旁骛、静谧自怡、突出主干、择其精要、苦练本领，努力做到又博又专、愈博愈专。

实践任务安排

1. 结合自身，谈谈自己应该如何提高劳动能力？

2. 谈谈我们应该如何练就过硬的技能本领？

3. 以学习小组为单位，每个小组开展一项劳动实践活动，如垃圾分类、旧物改造、美化校园、送温暖等。

---

① 来源："学习强国"平台，2020-11-30。

知识拓展

苦干实干：用奋斗书写青春，用青春点亮未来

陈×进，原建设工程监理专业学生，土家族，中共党员，退役军人。

携笔从戎铸青春，建功军营守初心

因爷爷、父亲都是退役军人，爷爷曾担任民兵队长，父亲曾参加对越自卫反击战，因此，他从小受父辈的影响，热爱军队，向往军营生活，于2016年9月参军入伍，进入了光荣的"万岁军"——中国人民解放军第38集团军。

他刚入军营，便在新训期间参加了全师"新训大比武"活动，成绩突出，于2017年7月，在内蒙古自治区某训练基地参加"庆祝中国人民解放军建军90周年大阅兵"活动，接受主席检阅，并聆听主席训令；2018年1月，又参加了由中央军委举办的"中央军委2018年开训动员大会"，再次近距离聆听主席训令。聆听了两次主席训令，让他热血澎湃，精神振奋，备受鼓舞，不忘初心、牢记使命，锤炼本领，提升素能，为建功军营奠定了坚实的基础。2018年6月，他参加全师基础科目大比武，荣获师"后勤比武"第一名，同年，获得某部队"优秀士兵""嘉奖""优秀营房维修员"等荣誉。2018年9月，他光荣退役。

军旅生涯促成长，自强自立铸腾飞

军旅生涯给了他人生信念和坚强意志，使他在任何挫折和困难面前都不曾退缩；军旅生涯给了他一颗不骄不躁的平常心，所以他拿得起枪，拿得起笔，自强不息，重返校园。

2019年，他参加高考，成功迈入大学。在校期间，他思想上积极要求进步，坚定理想信念，入校不久便向党组织递交了入党申请书，2021年11月18日，被党组织吸收为预备党员。学习上，他刻苦钻研专业知识，成绩名列前茅，荣获"国家奖学金"1次、"国家励志奖学金"1次、校级"一等奖学金"2次。作为班级团支书、辅导员助理，他认真负责，踏实细致，发挥老师与同学之间的桥梁纽带作用，积极为老师同学排忧解难，被评为校级"优秀团干部""优秀学生干部"，积极参加资助月活动、"挑战杯""互联网+""渝创渝新"等大赛，获市级奖6项、校级奖2项，被评为校级"创新能力提升先进个人"。作为军事爱好者协会副会长，他积极组织与军事相关的观影、辩论、演讲、讲座、"军事夏令营"等活动，其"'八个一'爱我国防实践育人工程"成功申报市级"一校一品"。他积极参加社会实践与

文明创建活动，2020年2月，积极响应共青团××土家族苗族自治县委员会的号召，配合该县妇女联合会在"新民小区综合楼"参加疫情防控志愿服务，且参加共青团××土家族苗族自治县委员会开展的助力复工复学"学小青"志愿服务活动。疫情防控期间，他坚守一线，为100多户家庭提供健康保障，为10多户空巢老人提供生活保障，更为2000多名学生提供安全保障，受到副县长的高度评价，获得了该县"新冠肺炎"防疫优秀志愿者称号。为期3个月的疫情防控，他用点点滴滴细小的行动践行着初心与使命，为打赢疫情防控阻击战贡献了自己的微薄力量，被评为市级"精神文明建设先进个人"，校级"志愿服务活动先进个人"。生活中，他乐观开朗，团结同学，热心为同学服务，建立了良好的人际关系，所在寝室被评为"重庆市高校环境优美型特色寝室"。作为家庭经济困难学生，他勤俭节约，自强不息，勤工助学，主动为家庭减轻经济负担，被评为校级"勤工助学先进个人"。2022年，他作为市级"优秀毕业生"顺利毕业。

牢记使命勇担当，扎根基层践初心

他始终牢记全心全意为人民服务的宗旨，2022年毕业后选择返乡就业，为建设家乡添砖加瓦。他主要负责现场施工管理及安全管理，从事基础工程建设，助力乡村振兴。他累计参与乡村振兴（以工代赈）项目3个，其中建设四好农村路11.3km，二级公路17.22km，直接或间接推动地方经济发展约1.46亿元，项目覆盖3个乡镇，直接受益群众达到5.9万人。

军旅生涯的磨炼，体现了他钢铁般的意志；疫情防控的"战斗"，体现了他无私的奉献精神；毕业之后的"选择"，体现了他作为一名共产党员的担当。他认为：当前全面振兴中的乡村，正是大学毕业生就业创业的舞台、实现梦想的天地。他希望通过自己的努力，能带动更多的大学毕业生返乡就业创业。

第五章
生活劳动

从自己做起、从身边做起、从小事做起。

生活劳动是为满足家庭成员自身生存、维系家庭功能所必需的各项家事活动，包括烹调、洗涤、抚养幼儿、赡养老人等。生活劳动具有私人性、无偿性的特点。随着我国当前市场经济的发展，生活劳动将原属于私人领域活动的劳动纳入公共领域。

知识导览

生活劳动

"我"身边的生活劳动
- 生活劳动的内涵
- 生活劳动的分类
- 开展生活劳动的意义

积极参加生活劳动
- 项目一：完成一张"18岁"清单，了解自己
- 项目二：假如你有20万元
- 项目三：寻找可以改变的空间
- 项目四：选择一种植物，并悉心照料它
- 项目五：来当家吧！
- 项目六：为自己"量身定做"一些积极的自我对话

第一节　"我"身边的生活劳动

随着生活质量的提升，生活越来越丰富且复杂化，生活劳动能力是一个人最基本的生存能力，它不仅可以作为劳动观念和习惯的基础，还可以培养一个人的责任心。大学生应了解家庭生活的技能和技巧，养成自理、自立的生活习惯，学会自己的事情自己做，学习在生活中交流和沟通，感受亲情的温馨，培养热爱劳动、自立自强的品质。

一、生活劳动的内涵

随着生产力的发展和社会分工的细化，生活劳动的内涵还在持续扩大——生活劳动已经不限于洗衣、做饭、清洁卫生，包括家庭护理、家庭理财等在内的这些满足家庭成员更高需求的活动都归于生活劳动，即使是洗衣、做饭、清洁卫生也不再是传统意义上的生活劳动，往往需要操作器械或具有一定的专业知识才能完成。

生活劳动是日常生活不可避免的部分，自私有制产生，现代家庭萌芽开始，生活劳动就逐渐由原始社会中的社会公共劳动的一部分演变成了需要由单个家庭自行解决的私人领域内的劳动。然而生活劳动的价值往往被社会和家庭忽视，从事生活劳动的个体通常不被视为劳动者，受困于繁琐的生活劳动而不被社会认可。在现代社会，随着社会经济发展，生活水平提升，生活劳动越来越受到人们的重视。

二、生活劳动的分类

（一）炊事类：洗菜，切菜，配菜，热加工（炒、炖、焖、炸、煎、蒸、烤）等。

（二）采购理财类：买菜，采购日常用具、衣物等。

（三）卫生类：扫地，拖地，擦窗户、桌椅、橱柜，洗衣服、鞋袜、被褥等。

（四）晾晒类：晒衣服、被子、床单、被套、拖把、抹布、鞋子等。

（五）照料护理类：带小孩（喂奶，换尿布，哄睡，洗澡，交流等），照料老人（饮食，服药，洗澡，晒太阳，活动，交流等），照料宠物（喂食、喂水，清理粪便，遛遛等），照料绿植（浇水、施肥、修剪，清理枯枝败叶，搬出去晒太阳）等。

（六）招待类：接待访客。

（七）整理类：整理床铺、桌椅、用具、书本、玩具等，一切要井井有条。

三、开展生活劳动的意义

（一）提升自我认识能力（Self-Awareness）：通过各种形式的生活劳动，提升对自己的感知力。通过实践和他人的评价，形成自我认识、自我评价，了解自己的特点、优点和缺点。正确地认识自我，客观、合理地认识环境和他人。

（二）提升调节情绪能力（Coping with Emotions）：情绪是人对事物的态度、体验及行为，伴有外在表现及内在基础。任何活动都伴随着情绪。生活劳动的时间有助于改善情绪，提高活动效率，帮助培养乐观向上的态度，克制情绪冲动。

（三）缓解压力能力（Coping with Stress）：适当的生活劳动能推动发展，改善健康，有利于自我控制。通过生活劳动合理宣泄或运动，也利于缓解压力。

（四）决策能力（Decision Making）：在生活劳动中进行决策，根据既定目标认识现状，预测未来，决定最优行动方案，是个人的素质、知识结构、承受力、思维方式、判断能力和创新精神等在决策方面的综合表现。培养优秀的决策能力能减少浪费，避免错误。

（五）解决问题能力（Problem Solving）：在生活劳动中分析问题，查询信息，寻找方法，分析评估不同方法的利弊，制定计划，然后实施等一系列活动。

（六）提升人际关系能力（Interpersonal Relationship Kills）：通过生活劳动加深两个以上成员间的联系。善于建设良好的人际关系有助于生活和工作的和谐。

第二节 积极参加生活劳动

通过开展生活劳动实践，了解日常生活劳动的分类，培养生活劳动的意识及能力，在实践过程中学会请教、合作交往、收集和处理信息、语言表达、发现问题与解决问题的能力。在情感上，体会生活劳动的辛苦，激发家庭责任感，品尝成功的喜悦。

本节的最后设计了活动记录卡（表5-2-3），可根据需要使用，记录关于生活的点滴。

项目一：完成一张"18岁清单"，了解自己

（一）参考资料

事实上，作为一个成年人，有很多真实世界的真实事件，需要自己处理，比如表5-2-1这份"18岁清单"，是需要掌握的真实生活技能清单。

（二）劳动要求

对照"18岁清单"给自己的情况做出评估，了解自身的差距（表5-2-1）。

18岁清单   表5-2-1

序号	内容	我可以
1	18岁的人必须和真实世界的陌生人交谈，可包括教师、学院院长、顾问、房东、人力资源经理、同事、银行出纳员、医疗保健提供者、公交司机及维修工等	
2	18岁的人必须认识校园的道路，认识学习、实习或工作时所在城市的道路	
3	18岁的人必须能够管理好自己的作业、任务和截止日期	
4	18岁的人必须为家庭的运转作出贡献	
5	18岁的人必须能够处理好人际关系	
6	18岁的人必须能够应付课程压力和工作量的起伏变化，能够应付大学水平的工作、竞争以及其他各种压力	
7	18岁的人必须有能力赚钱和打理财务	
8	18岁的人必须能够承担风险	

项目二：假如你有20万元

（一）参考资料

1. 参考资料1

如何科学地制订家庭财务规划？

个人（家庭）财务规划（Personal Financial Planning）是以个人（家庭）需要为出发点，使财务从健康到安全、从安全到自主、从自主到自由的过程，并在此过程中实现现金流的顺畅、创造财富能力的提升。

不妨参考下述"五步骤"来制订合适的个人（家庭）财务规划：

第一步，设置清晰的财务规划目标，包括长期、短期目标。进行财务决策时，需确保分享和讨论，以保证财务需求都能得到充分的满足。

第二步，结合实际情况设定方案。了解人生各阶段的财富管理需求，并结合自身的财务状况、风险承受能力来设定财富管理方案。

第三步，制订一个全面的财务规划。参考专业机构提供的专业建议，明确财务缺口，制订一个平衡、健康和稳健的财富管理规划（图 5-2-1）。

图 5-2-1 财富管理规划

第四步，及时实施既定的规划。财务规划，必须尽早开始，及时行动；遵照"保障为本，投资为稳，循序渐进"的基本原则进行财富管理规划。

第五步，定期检视规划并根据需要作相应的调整。依据所处的不同人生阶段，包括结婚、生儿育女、子女成长教育、退休或亲人离世等，来定期检视规划，并针对最新的财务状况和需求做好相应的调整（图 5-2-2）。

图 5-2-2 标准普尔家庭资产四象限图

2. 参考资料2

假如你有 20 万元闲置资金，你会怎么做？存银行？买基金？买股票？找一个保值增值的项目投资？还是先检视自己的财务状况，做好风险管理后再决定？

今年上半年，小张趁房价上涨，卖掉了郊区的一套小户型，这是她前两年在房价下跌时买来投资的，还掉剩余的银行贷款，小张手里连本带利回笼了 20 万元的现金，在兴奋了一段时间后，小张开始琢磨这 20 万元又该放在哪里获得收益。

作为一名小白领，小张的投资意识可谓超前，虽然月工资只有 3000 多元，但是，小张并不甘心像父母一样一辈子靠工资吃饭，所以工作之余关注投资是她最有兴趣的事。

同事李姐是小张的主管，又是好朋友，小张赚了钱，高兴地请李姐吃饭，席间，小张说起手里 20 万元闲置资金的困惑，李姐说她有个朋友也许能给她一些建议。

第二天，李姐约了她的理财规划师朋友和小张见面，一阵寒暄后，切入正题（图 5-2-3）。

图 5-2-3　假如你有 20 万元，你会如何规划？

图 5-2-3 假如你有 20 万元, 你会如何规划? (续)

列出上述表格（图5-2-4~图5-2-6），小张一下觉得思路清晰多了。

家庭收支平衡表							
家庭月收入（元）		家庭月支出（元）		年度收入（元）		年度支出（元）	
工资1	3500	贷款		年终奖	20000	孝亲费	5000
工资2	4500	日常固定支出	2000	企业分红		旅游支出	10000
兼职收入		每月消费	3000	存款利息		其他支出	
房租收入	1200	小孩支出	800	股息			
企业投资收益		赡养父母					
		保险费	500				
		税金					
		投资理财					
合计	9200	合计	6300	合计	20000	合计	15000
每月结余	2900			年度结余	5000		

图 5-2-4　家庭收支平衡表

家庭资产负债表			
家庭资产（万元）		家庭负债（万元）	
活期及现金	20	房屋贷款	
定期存款		汽车贷款	
人身资产	10	信用卡未付款	
基金		其他	
股票			
房产（自用）			
房产（投资1）	40		
房产（投资2）			
住房公积金	1		
车（现值）	3		
合计	74	合计	
家庭资产净值	74		

图 5-2-5　家庭资产负债表

家庭保单整理表					
保险账户 ＼ 家庭成员		老公	张小姐	儿子	合计
家庭责任准备金	遗嘱执行金				
	残疾抚慰金按比例				
医疗准备金	大病给付	10 种重疾，10 万元保至 70 岁			10 万元
	住院报销	社保 + 社保剩余部分5000 元 / 次，报 90%	社保	互助金	
	意外医疗				
教育准备金（刚性支付）					
养老准备金（刚性支付）					
理财账户（风险隔离、传承）				94600 元 + 红利	
保费占比		46.8%，2060 元		53.2%　2345 元	10 万元 + 老公住院费用报销
总保费		4405 元 / 年（367 元 / 月），保障产品占总收入的 1.6%，理财产品占总收入的 1.8%			

图 5-2-6　家庭保单整理表

（二）劳动要求

和你的父母聊一聊，看看家中的财务情况是否需要更加理性的计划和支配，或者试想一下自己独立后，对于自身的财务情况应该如何规划。请试着利用以上资料中提及的家庭收支平衡表、家庭资产负债表、家庭保单整理表等工具，制订一份合理的家庭理财规划。

项目三：寻找可以改变的空间

（一）参考资料

生活里很多问题都不难解决，前提是要知道相对应的诀窍。

1. 客厅空间

带有滚轮的灵活茶几、藤制的桌面能容纳很多材质的物品，其造型满足了客厅装饰的需求。除了实用功能的相互补充，带有滚轮的设计以其简单而不受空间限制的特点，在日常生活中的使用率很高。随意放置的茶几让客厅变得更加灵动。

展示性墙面、搁架、视听储物柜。客厅通常是家中的公共地带，兼具待客、休闲等多重身份。选择具有展示性的沙发背景墙也为空间增添了立面效果，充分利用起墙面空间，让这里成为整体大空间的视觉焦点。采用开放式的搁架，让物品收纳成为一种展示和装饰。视听储物柜（附带收纳功能的电视柜）已是小户型客厅中常见的一种收纳家具，它能充分利用起墙面的空间，令杂物整齐归置。视听加储物的多功能组合柜一步解决了电视背景墙的设计问题，让客厅的地面空间在视觉上扩大。

2. 卧室空间

床下收纳空间、普通家具和储物功能结合的设计方案越来越多。床下面的空间打造成抽屉柜，或是在床下方放置一些藤艺储物箱都很实用。这里是冬季厚重衣物以及厚被子等的理想存放地点。

简易长条搁架。简易长条搁架充分利用衣柜的门后空间，让使用者有足够的地方收纳衣物。家里添置这种简易的衣架，只需一小块空间，就能使卧室更加整洁。而这种长条搁架一般安装在门后或者衣柜旁边，使物品各有各的位置，选择搭配的时候也更容易。

抽屉内分割单元。想让抽屉里的有限空间变得美观，并存放更多物品，可以采用抽屉内分割单元，且有不同的尺寸可供选择。将首饰、丝巾等易混杂的小物件，分层分类存放，可省去翻找。

对于家中的剩余空间，可以利用收纳篮等存储物品，需要挪动时也非常方便。

3. 厨房空间

巧用通透材质吊柜。整体橱柜是厨房中最常见的家具，而小户型厨房常常会选择浅色简约款来扩大视觉效果。如果能搭配透明材质的门板则可以增加厨房的空间感。相比材质厚重的吊柜，带有通透感的吊柜显得轻盈且灵活。

可调节家具、灵活的移动推车、能随时抽取的小桌板都能提高小厨房的可拓展性，提供珍贵的台面空间，减少在烹饪时出现手忙脚乱的情况。另外，可调节的家具也不会让橱柜限制了物品的存放。

注意利用角落收纳吊柜上方、地柜最底层、油烟机的上方、水槽旁的墙面。通过收纳篮等有效的收纳工具，厨房的畸零空间就能被利用起来。这样既能做到一目了然，还能不占用多余空间。对于一个小厨房来说，所有的空间都弥足珍贵。利用墙面的嵌入式收纳将餐具和厨房用品都归置在一起，同时利用各类收纳配件来增加储物空间，尽量减少料理台面存放的物品，可以使厨房更加整洁，也能让厨房看起来更大。

4. 卫浴空间

箱型卫浴镜柜。盥洗区上局部选用箱型镜柜，除了有实质的功能外，里面还能收纳各类洗浴用品。洗面盆下方的空间自然也不容忽视，洗面盆嵌于柜体的款式收纳效果最为理想，柜体具有分割层板设计，同时还具有隐藏管线的作用。

晾毛巾的架子。卫浴间可利用的地方有很多，特别是一些空间狭小的浴室，更应该学会利用空闲的边角，结合收纳工具进行有效收纳。例如，普通的衣帽架有如竹竿一般的体态，如果用于卫浴间里，能够一次性晾晒多条毛巾，且不占太多空间。

要保证卫浴空间的整洁度，除了学会有章法的收纳外，运用带有标签的储物盒也是非常重要的。利用深体积的收纳篮筐，可以有效隔绝湿气，放置一些卫生用品。细长型的拉篮是畸零空间里的收纳高手，轻薄的身板却能收纳众多生活用品。防水板材的设计利用，有效地将卫浴空间的湿气排除在外，使用者可以安心在其中放置电吹风机、卷发棒等电器产品。

（二）劳动要求

可以参考表 5-2-2 的格式，寻找自己所居住的环境（或自己家）中可以改善的细节，并提出完善方案。

空间改善记录表 表 5-2-2

空间	不足	改善方案
客厅		
卧室		
厨房		
卫浴		

项目四：选择一种植物，并悉心照料它

（一）参考资料

1. 多肉植物

多肉植物是指植物的根、茎、叶三种营养器官中的叶是肥厚多汁并且具备储藏大量水分功能的植物，也称"多浆植物"，能净化空气。其至少具有一种肉质组织，这种组织是一种活组织，除其他功能外，它能储藏可利用的水，在土壤含水状况恶化、植物根系不能再从土壤中吸收和提供必要的水分时，它能使植物暂时脱离外界水分供应而独立生存。据粗略统计，全世界共有多肉植物一万余种。

例如虹之玉，又叫耳坠草，是景天科景天属的多肉植物，多年生肉质草本植物。它喜温暖及昼夜温差明显的环境，对温度的适应性较强。秋冬季节气温降低，光照增强，肉质叶片逐渐变为红色，因此栽培过程中人为降温可提高其观赏价值。冬季室温不宜低于5℃。虹之玉喜光，整个生长期应使之充分见光。但夏季暴晒会造成叶片日灼，可适当遮光或半日晒，中午应避免烈日直射。虹之玉生长缓慢，耐干旱，因此不宜大肥大水，应见干浇水且浇透，而冬季室温较低时则要减少浇水量和次数。一般一个月施一次有机液肥。夏季注意保持通风良好。耳坠草生长较快，一般栽培3年后株形开始散乱，因此应提前进行修剪。

2. 蕨类植物

蕨类植物生活史为孢子体发达的异形世代交替。孢子体有根、茎、叶的分化，有较原始的维管组织。配子体微小，绿色自养或与真菌共生，有根、茎、叶的分化。有性生殖器官为精子器和颈卵管，无种子。蕨类植物现存约12000种，广泛分布在世界各地，尤以热带、亚热带地区种类繁多。其大多为土生、石生或附生，少数为湿生或水生，喜阴湿温暖的环境。

例如白玉凤尾蕨，喜阳光充足和稍潮湿的环境，虽具较强的耐阴性，但若长期光照不足，叶片白斑会不清晰。因此，室内培养应放在有较明亮散射光处；室外栽培应注意遮阴，尤其夏季阳光易灼伤叶片并引起叶片枯焦甚至死亡。白玉凤尾蕨的生长适温为21~26℃，越冬温度不低于5℃。冬季可在室内养护，叶片仍柔嫩翠绿。白玉凤尾蕨耐旱力较差，在生长季节应保持盆土经常处于湿润状态，在生长旺盛期绝不可使盆土干旱失水；夏季应向植株及其周围喷水，以保持较高的空气湿度；冬季气温低时，应适当减少浇水量，保持盆土略湿润即可。在生长旺季，每1~2周施一次薄肥。白玉凤尾蕨喜肥沃、排水良好的钙质土壤，盆栽时可用腐叶土、园土、河沙等量混合作为培养土。

3. 多年生草本植物

多年生草本植物为能常年不需要更新繁殖而继续生长的草本植物，一般为宿根、球根类植物，如蜀葵、百合、大丽花、芒草、萱草等。其生活期比较长，一般为两年以上的草本植物，如薄荷、葱等。多年生草本植物的根一般比较粗壮，有的还长着块根、块茎、球茎、鳞茎等器官。冬天，地面上的部分安静地睡觉，到第二年气候转暖，它们又发芽生长。

例如银皇后，又名银后万年青、银后粗肋草、银后亮丝草，是天南星科广东万年青属观叶植物，叶色美丽，特别耐阴，盆栽点缀厅室，效果明显，特别明亮舒适。银皇后喜温暖湿润的气候，不耐寒，适宜生长温度为16~21℃。因此，夏季应防暑降温，注意通风；冬季应入棚室栽培，越冬温度10℃为宜，不要低于5℃。银皇后生长期需充足水分，盛夏每天早晚向叶面喷水，放半阴处；冬季茎叶生长减慢，应控制水分，盆土稍干燥。春末夏初可少施一些酸性氮肥，夏季增施氮肥，初秋、中秋可施些复合肥，秋末初冬停肥。肥料充足则茎干粗壮，分蘖多，叶片肥大。

（二）劳动要求

通过查找资料，选择养护一株自己感兴趣的植物，注意拓展养护知识及技巧，照料过程形成日记打卡，记录一个生命的茂盛或者衰败，体会其中的付出与收获。

项目五：来当家吧！

（一）参考资料

1. 参考资料1

小时候，一进腊月，奶妈就会说这样的歌谣：

小孩小孩你别馋，过了腊八就是年。

腊八粥，喝几天，哩哩啦啦二十三；

二十三，糖瓜粘；二十四，扫房日；

二十五，冻豆腐；二十六，去割肉；

二十七，宰年鸡；二十八，把面发；

二十九，蒸馒头；三十晚上熬一宿；

初一、初二满街走（图5-2-7）。

2. 参考资料2

生活日常保洁步骤

第一步：准备生活日常保洁过程中所需要的工具。比如扫帚、鸡毛掸子、吸尘器、清洁桶、玻璃套装工具、清洁布等。

第二步：将房屋内的杂物进行简单的清理。特别是体积较大的垃圾，要先将其清理出房间，以为进一步清洁房屋创造宽敞的空间。

第三步：对房屋进行除尘工作。使用鸡毛掸子将房屋内墙壁上的灰尘清扫下来或者是用吸尘器对房屋内的墙壁从上到下进行吸尘。然后，对地板进行初步清洁。

第四步：对玻璃进行清洁工作。此过程具体的清洁流程可以根据玻璃的洁净程度来确定。大体工作是，先用清洁球或者铲刀等工具，将玻璃上与窗框上的污垢进行清除，然后用干净的清洁布擦拭玻璃并在擦拭玻璃的过程中适当地对玻璃局部进行喷水或者喷洗洁精溶液，以保证能够将

图 5-2-7　一起大扫除

玻璃与窗框上的污垢清理干净。最后再用干燥、干净的清洁布对玻璃与窗框进行整体的清洁处理。

第五步：如果房屋内部有家具、电器等生活用品，则需要使用合适的工具对它们进行清洁。

第六步：对地板进行进一步清洁工作。由于已经先对地板进行了初步处理，这次的清洁主要是在此基础上进行二次清洁。如果有需要，可以使用清洁布对地板进行擦拭，特别是房屋内有家具或者电器的地方需要特别清理。

第七步：摆放家具。将家具按照自己的需要进行摆放和调整。

生活日常保洁标准

（1）玻璃：目视无水痕、无手印、无污渍、光亮洁净。

（2）卫生间：墙体无色差、无明显污渍、无涂料点、无胶迹、洁具洁净光亮、不锈钢管件光亮洁净、地面无死角、无遗漏、无异味。

（3）厨房：墙体无色差、无明显污渍、无涂料点、无胶迹、不锈钢管件光亮洁净、地面无死角、无遗漏。

（4）卧室及大顶：墙壁无尘土，灯具洁净，开关盒洁净无胶渍，排风口、空调出风口无灰尘、无胶点。

（5）门及框：无胶渍、无漆点、触摸光滑、有光泽，门沿上无尘土。

（6）地面：木地板无胶渍、洁净，瓷砖无尘土、无漆点、无水泥渍、有光泽，石材无污渍、无胶点、光泽度高。

3. 参考资料 3

如何缴纳电费？

用户可通过柜台缴费等线下方式和官网缴费等线上方式缴纳电费。

（二）劳动要求

学习处理生活日常的技能，尝试实践那些生活中涉及的劳动，如家庭保洁、日常生活缴费、处理食材等。

项目六：为自己"量身定做"一些积极的自我对话

（一）参考资料

1. 参考资料 1

懒惰是一种心理上的厌倦情绪，形容人精神松懈，行动散漫，不振作。

懒惰是很奇怪的东西，它使人以为那是安逸，是休息，是福气，但实际上它所给人的是无聊，是倦怠，是消沉。它的表现形式多种多样，包括极端的懒散状态和轻微的犹豫不决。生气、羞怯、嫉妒、嫌恶等都会引起懒惰，使人无法按照自己的愿望活动。

在我们的现实生活中，有许多人是懒惰的，尽可能逃避工作，有一部分人有着宏大的目标，也缺乏执行的勇气。

对一位渴望成功的人来说，拖延最具破坏性，也是最危险的恶习，它使人丧失进取心。一旦开始遇事推脱，就很容易再次拖延，直到变成一种根深蒂固的习惯。习惯性的拖延者通常也是制造借口与托词的专家。如果存心拖延逃避，你就能找出成千上万个理由来辩解为什么事情无法完成，而对事情应该完成的理由却想得少之又少。把"事情太困难、太昂贵、太花时间"等种种理由合理化，要比相信"只要我们更努力、更聪明、信心更强，就能完成任何事"的念头容易得多。

懒惰的表现性状包括：①不能愉快地同亲人或他人交谈，尽管你很希望这样做。②不能从事自己喜爱做的事，不爱从事体育活动，心情也总是不愉快。③整天苦思冥想而对周围漠不关心。④由于焦虑而不能入睡，睡眠不好。⑤日常生活及其起居无秩序，无要求，不讲卫生。⑥常常迟到、逃学且不以为然。⑦不能专心听讲、按要求完成作业，文具常不配齐。⑧不知道学习的目的，不能主动地思考问题。⑨没有时间观念，事情总是想着明天做。⑩明明没做什么事情却老是觉得身心疲惫，打不起精神。

克服懒惰的方法：①要学会微笑。当你不再用冷漠、生气的面孔与亲人交谈时，你会发现：他们其实很喜欢你，重视你。②做一些难度很小的事或是你最爱干的事，也可以做些你想了很久的事。不要只看结果如何，只要这段时间过得充实就该愉快。③要保持乐观的情绪，不要动不动就生气。遇到挫折时，生气是无能的表现。正确的做法应该是冷静地查找问题出在哪里，或是自己处理，或是与别人商量，哪怕争论一番对扫除障碍都有益处。这个过程带来的喜悦能使你更加好学。④学会肯定自己，勇敢地把不足变为勤奋的动力。学习、劳动时都要全身心投入，争取最满意的结果。无论结果如何，都要看到自己努力的一面。如果改变方法也不能很好地完成，说明或是技术不熟，或是还需完善其中某方面的学习。扎实的学习最终会让你成功的。

2. 参考资料 2

观点：适度懒惰，反而可以更有效地促进自律？

相信许多人都希望，也尝试过让自己变得更自律。无论是想要实现某些自我提升的目标，还是想要保持更健康的生活方式，丰满的理想总是少不了自律属性的加持。

但现实往往骨瘦如柴。给自己精心制订了健身、看书、背单词等计划，咬牙努力坚持，结果一个不小心，就又被懒惰"打回原形"。比如：明明下定决心要控制饮食，看到垃圾食品还是忍不住；计划今天要学的网课还没看完，却沉迷于电视剧停不下来；朋友圈刚发完"今天我一定要早睡"，刷着手机又到了凌晨 3 点；买了跑鞋和瑜伽垫，没用几次，就放在角落里落灰了……

为什么实现自律如此困难？

首先，我们对自律和懒惰的关系往往存在误解。

通常我们认为，想要成为一个自律的人，我们内心的"自律小人"必须获得完全的胜利，把"懒惰小人"彻底消灭。但是，当我们真的这样去做的时候，"懒惰小人"总会极力反扑，反过来把"自律小人"打倒。于是，我们迎来了又一次的"自律失败"。为什么会这样？这是因为，很多人自律的动机其实是对自我（Ego）的虐待。在精神分析理论中，我们的人格结构被分为三层：本我（Id）、自我（Ego）和超我（Superego）。

在童年早期，超我是严厉且具压迫性的。如果个体的人格发展比较顺利，来自超我的迫害感就会逐渐消失，超我也会变得灵活（Basham et al, 2016）。但是，如果个体在童年早期受到了来自父母、同伴、老师或其他权威者过多的指责与评判，超我的力量可能会发展得过于强大，从而形成"虐待性的超我"。

具有"虐待性超我"的人看似自律，其实是在自虐。他们往往会过度地以外部的规范和准则对自我进行评判（Constant Judgment）和约束（Vaknin，2003），不停地指责和贬低自己，对自尊造成伤害。在这种情况下，他们其实是被迫在保持自律，因为一旦失败，他们的自我就会被那个虐待性的超我"惩罚"，从而陷入深深的羞愧和自我厌恶。所以说，觉得自律非常困难，越想自律越被懒惰打败，可能是因为你陷入了"自虐式自律"。这种自律是不够健康的，也往往很难持续。

相对地，超我发展良好的人能够与自我形成良性互动。对于他们来说，自律不是消灭懒惰，而是意识到偷懒的愿望和目标实现之间的冲突后，主动做出的选择。因此，他们能够发展出真正健康的、可持续的自律。

真正健康的自律是什么样的？

健康的、可持续的自律，应该是基于自我关怀（Self-Care）的自律。

比起因为自虐而自律的人，那些基于自我关怀而开展自律的人，是因为想要鼓励自己实现目标而主动在追求自律的状态。在自律的过程中，他们不会轻易陷入自我否定，而是可以不断进行积极的自我对话，肯定自己的努力。

健康的自律也是灵活的、适度的，因为人们能够根据实际的生活情况调整自己实现目标的途径，在疲惫时也能够照顾好自己、允许自己休息。

不难看出，对于健康的自律者来说，内心的"自律小人"并不一定要彻底消灭"懒惰小人"，而是可以管理好"懒惰小人"——看到它的需要，给它事先规划出来"懒惰时间"，在其中尽情放松。

如何科学地开展健康的自律？

（1）基于自我关怀，设置合理且具体的目标。

当我们以自虐为动机开展自律时，难免会给自己设置一些绝对化的、脱离现实情境的目标。比如，"三个月之内瘦10斤""每天读一篇好文章""每天11点上床睡觉"等。而基于自我关怀开展自律，意味着我们从设置目标开始，就需要将自己的身心健康状态、生活状态等方方面面纳入考量。

举个例子，你想要在三个月内瘦10斤，但你平时工作很忙，又累又没时间运动。那么在设置目标时，比起直接塞给自己一个量化指标，你首先应该做的是去观察，在当前的生活状态下，你每天可以降低多少热量摄入、运动多长时间。在了解这些之后，再去详细设置每周的饮食目标、运动目标，你就更能够在关怀自己的基础上保持自律。

（2）梳理可能存在的诱惑，为自己提前规划"懒惰时间"。

设置好目标后，我们还需要梳理有哪些内、外部的诱惑，可能会让我们容易"犯懒"。事实上，规律地吃大餐、不运动，也是一种自律。

（3）练习积极的自我对话（Positive Self-Talk）。

想要更健康地开展自律，肯定、鼓励自己是很必要的。多项研究表明，积极的自我对话可以帮助我们减少压力、提升自信心和修复力（Mead，2020）。

你可以试着为自己"量身定做"一些积极的自我对话。当我们真正能在自我关怀的基础上开展自律时，自律就不再是某种对懒惰的道德压制，或是对自我的某种刻板约束，而是我们主动选择的、愿意继续下去的生活方式，引领我们走向自由。

（二）劳动要求

请根据参考资料，为自己"量身定做"一种积极的自我对话，比如：

我可以坚持每周自己换洗床上用品；

我可以保持室内的干净整洁；

我可以每天为自己手冲一杯咖啡；

我可以每天为自己制作健康营养的三餐；

我可以定期换洗衣物，保持清爽整洁；

我可以每天早晚带着我的宠物狗去散步，照看好它的一切；

……

将以上的"我可以"中的努力记录下来，开始这样积极的对话。

表 5-2-3 为活动记录卡，读者可根据需要参考使用。

活动记录卡 　　　　　　　表 5-2-3

时间	地点	内容	活动资料 （照片等资料）

第六章
生产劳动

引导语

　　劳动是财富的源泉，也是幸福的源泉。人世间的美好梦想，只有通过诚实劳动才能实现；发展中的各种难题，只有通过诚实劳动才能破解；生命里的一切辉煌，只有通过诚实劳动才能铸就。劳动最光荣、劳动最崇高、劳动最伟大、劳动最美丽，劳动创造更加美好的生活。全社会都要尊重劳动、尊重知识、尊重人才、尊重创造，维护和发展劳动者的利益，保障劳动者的权利。要坚持社会公平正义，努力让劳动者实现体面劳动、全面发展。

知识导览

　　中国共产党历来重视教育与生产劳动相结合。1958 年，教育必须与生产劳动相结合即被提出并指导教育教学工作。2018 年，全国教育大会将劳动教育作为培

养全面发展的社会主义建设者和接班人的重要组成部分。2020年3月，中共中央、国务院颁布的《关于全面加强新时代大中小学劳动教育的意见》指出，"各地区和学校坚持教育与生产劳动相结合，在实践育人方面取得了一定成效"，针对劳动教育被淡化、弱化现象，要求全党全社会必须高度重视，采取有效措施切实加强劳动教育。

第一节 "我"身边的生产劳动

苏联教育家苏霍姆林斯基曾指出，"一个人的和谐全面发展、富有教养、精神丰富、道德纯洁——所有这一切，只有当他不仅在智育、德育、美育和体育素养上，而且在劳动素养、劳动创造素养上达到较高阶段时才能做到"。劳动是大学生自我实现、自我发展、自我完善的重要途径，是大学生全面发展的重要组成部分。劳动是人的本质特点，劳动创造了人类的历史，推进了社会的发展。

近年来，随着人们生活水平的提升和生活便利程度的增加，青年群体劳动能力的培养在家庭教育和学校教育中被轻视，青年一代的动手操作能力和生活自理能力普遍下降。劳动教育在学校中被弱化，在家庭中被软化，在社会中被淡化，严重影响了学生的创新能力和社会生存能力的发展。

一、生产劳动的目标

生产劳动作为劳动教育目标的实践维度，是对劳动认知目标和劳动情感目标的具体检验。大学生劳动观教育的行为能力目标就是从内化转为外化，这里的内化指的是引导大学生把劳动观理论知识转化为他们自身对劳动的认识理解，并使他们形成个人的情感意志；外化则是劳动行为目标，就是引导大学生把已经通过内化形成的情感意志转化为自身的实践行为，也即大学生处理和解决劳动相关问题的能力。

生产劳动教育旨在提高个人的劳动实践水平。在科学理论的指导下，人们通过劳动，从个人或群体的实践中直接或间接获取知识和经验。"生产劳动同智育和体育相结合,它不仅是提高社会生产的一种方法,而且是造就全面发展的人的唯一方法。"①
生产劳动以创造物质财富为目的, 而生产劳动教育则以提高劳动水平为平台和载体、
以 "使人作为人而能够成为人" 为宗旨、以实现人的发展为表现形式,将劳动与教
育紧密结合,达到指导实践、教育主体的根本目标。

　　当前,不少大学生面临着就业困难的问题。究其原因,很大程度上是一些应届
大学毕业生的生产劳动能力不足,导致与工作岗位要求之间存在着差距。培养大学
生正确的生产劳动观,重视培养大学生生产劳动能力,将生产劳动作为大学生全面
发展的重要组成部分,不仅有利于大学生顺利就业,也有助于他们在新入职时迅速
地适应工作环境。因此,加强劳动教育旨在回归真正意义上的主体性劳动,提高劳
动主体身份认同感,使劳动实践呈现出主动向主体性劳动发展的态势,并逐步接近
于一种自由、自觉、自愿的创造性活动,使劳动者在亲自参与的劳动实践过程中真
正收获快乐和价值。

　　具体来讲,大学生劳动观教育的行为目标主要包括引导大学生能够积极参加公
益劳动、鼓励大学生积极主动地参与就业、增强大学生的社会适应能力以及鼓励大
学生积极创新创业等方面。

二、生产劳动的价值

　　当今世界,科技飞速发展,互联网、云计算、物联网、大数据为代表的新一代
信息技术与现代制造业、生产性服务业的融合创新正在悄然地影响着我们的学习、
工作和生活。生活从不眷顾因循守旧、满足现状者,从不等待不思进取、坐享其成者,
而是将更多机遇留给善于和勇于创新的人们。青年是社会上最富活力、最具创造性
的群体,理应走在创新创造前列。

　　在新发展阶段,我们依然要尊重各类劳动,崇尚创新性劳动,充分认识到劳动
的价值创造作用,让创新劳动在经济发展中不断发挥出更大的作用。"在人的无穷
创新潜力得到不断释放的今天,劳动者之间的异质性越发明显,不是所有的劳动者
都创造了同等的价值,劳动者之间价值创造能力的差距已经不止几倍、十几倍,而
是呈现越来越大的趋势。"因此,教育大学生积极参加生产劳动,在今天显得尤为
重要。

---

① 马克思, 恩格斯 . 马克思恩格斯全集: 第 23 卷 [M]. 北京: 人民出版社, 1972: 530.

劳动创造美好生活。树立正确的劳动观，要抵制大学生自我意识淡薄、价值取向急功近利、过分强调个性等负面的思想意识。劳动教育作为当代大学生全面发展的重要内容和素质教育的基础，不仅需要学生充分理解劳动教育的重要性，从而树立正确的择业观，学会保护自身的劳动权益，更是大学生树立正确的就业竞争意识，培养相应的职业竞争力，实现劳动观与人生观、世界观、价值观的有机统一的发展要求。

劳动蕴涵精神价值。高校可以通过学生社团组织学生参加勤工助学、公益劳动以及各种社会实践等劳动，培养学生良好的劳动习惯，让他们通过劳动积累劳动经验，在自身的劳动体验中加深对劳动的认识，锻炼他们的劳动适应能力，为踏入社会做好充分的准备。通过参加劳动，让大学生接触社会，可以提升就业能力，完善就业素质。劳动不仅是增强大学生社会适应力的手段，也是大学生自我实现的主要方式。大学生参与劳动首先就是出于精神上自我完善的需要，即人们在造福于社会的劳动中得到精神上的满足和提高，创造自身价值，带来真正的个人幸福。

劳动指引幸福未来。在经济、科技高速发展的时代，各种"快餐文化"充斥着大学生的思想，在这样的现实背景下，大学生劳动观教育要让学生明确，成功没有捷径可寻，唯有脚踏实地不断奋斗，不断增强自己的社会适应力，才能淬炼出卓越的成果。因此，增强大学生社会适应力的教育，既是大学生劳动观教育的要求，同时也是大学生自我发展、实现人生幸福的需要。

第二节　积极参加生产劳动

劳动是人类本质及其实现形式，是人的存在方式和社会发展基础。劳动能力就是人们改造物质世界和社会历史活动、追求自我生存和发展的能力与水平。将劳动教育纳入青年培养体系，是培养德智体美劳全面发展的社会主义建设者和接班人的要求，事关党和国家命运，是全党的共同政治责任。

高校是培养人才的基地，将大学生培养成为德智体美劳全面发展的新时代人才，向社会输出优质人才，是高校人才培养的必然要求。因此，要求学生积极参加身边的生产劳动，在劳动中增强个人综合素养。

一、安全生产类劳动

项目一：保持机房安全整洁

（一）机房清洁要求

1. 电脑硬件

• 键盘表面无灰尘纸屑以及任何垃圾碎屑和污渍等。

• 显示器上无灰尘碎屑等杂物和污渍等。

• 鼠标表面无灰尘污渍等，机械鼠标放置滚球的空间里无杂物和灰尘。

• 机箱表面无灰尘、纸屑、垃圾杂物、明显污渍等。

• 交换机箱外表无灰尘、纸屑、垃圾杂物等，并且除难以清理的污渍外无任何污渍等（注：交换机内里无需学生清理）。

2. 电脑桌椅

• 电脑桌表面无灰尘、纸屑、垃圾杂物、明显污渍等。

• 键盘托盘上无灰尘、纸屑、垃圾杂物、明显污渍等。

• 机箱放置柜里无灰尘、纸屑、垃圾杂物、明显污渍等。

• 电脑桌后面的电源、数据线整齐一致，并无明显污渍。

• 椅子表面无灰尘、纸屑、垃圾杂物等，并且除难以清理的污渍外无任何污渍等。

3. 机房环境

• 地板表面无灰尘、纸屑、垃圾杂物等，并且除难以清理的污渍外无任何污渍等。

• 墙面除难以清理的污渍外无任何污渍。

• 窗户、窗台上无灰尘、纸屑、垃圾杂物，并且除难以清理的污渍外无任何污渍等。

• 黑板上擦洗干净，无粉笔渍。顶棚上无灰尘和任何蜘蛛网等。

• 电灯和电风扇上无灰尘、纸屑、垃圾杂物，并且除难以清理的污渍外无任何污渍等。

• 空调表面无灰尘、纸屑、垃圾杂物等，并且除难以清理的污渍外无任何污渍等（包括外表、后背、调风板、散热板）。

• 各类相关橱柜、设备摆放整齐、无污渍。

（二）劳动要求

1. 每日对操作台进行一次清扫。

2. 用棉球对键盘进行一次清理。

3. 禁止在建筑物、设备等处涂写、刻画、乱扔垃圾，应保持工作场所的清洁卫生。

4. 确保显示器、主机机箱外侧、键盘、地面、顶棚、窗台、黑板、空调无灰尘。

（三）活动记录

时间	地点	参加人员	活动资料 （照片等资料）

项目二：保持实训室安全整洁

（一）参考资料

实验实训室安全管理制度

• 遵循"安全第一，预防为主"的方针，高度重视实验室安全工作，增强安全防范意识。定期进行安全检查，及时发现并解决问题，消除隐患。

• 强化责任管理，明确实验室安全管理职责。实验室实行专人管理、专人负责。每天下班前，必须检查门窗、电源是否关闭，确保无安全隐患。

• 如遇突发公共事件，管理人员应采取应急措施，减少损失，救治伤员，组织学生疏散、撤离，避免踩踏和滋生事故发生，并及时报告。

• 严格执行设备保管、使用的有关规定，确保财产安全。

• 严禁在实验室内自行更改或设置各种电源。严禁使用明火或其他加热设备。

• 严禁携带易燃、易爆、有毒物品进入实验室，维修电源要请电工进行，维修设备要及时切断电源。

• 加强安全教育，提高警惕性。掌握消防器械使用方法，严格管理消防设施，分布在实验室内的消防器械不得随意移动。坚持定期清查制度，如过期失效应及时更换，并做好安全检查记录。

（二）劳动要求

1. 实训室道路、场地清洁整齐，无杂物，不准乱堆乱放设备、材料。

2. 道路、设施、危险部位等处的安全标志齐全、完整、规范。沟道、孔洞盖板平整，楼道、平台的栏杆和扶梯齐全完整。

3. 备品备件、工器具、材料实行定置管理，明确标识。因生产需要而必须放置物品时，经由实训室老师批准，并做好相关标识。标识内容主要包括：放置物品名称、最大存放数量、责任人、联系电话等。生产设备名称、标志、流（转）向、保温、遮栏、护罩等齐全、完整、规范。

（三）活动记录

时间	地点	参加人员	完成工作 （照片等资料）

项目三：动手整理生产专业器材

（一）参考资料

实训室管理规章

• 实训课上课之前，教师要对学生进行防火、防电、防水等方面的安全教育，同时结合实训内容重点就设备使用流程、安全操作规程等进行有针对性的安全教育，提高学生的安全意识。

• 学生实训前依据不同实训项目要求穿好工作服，按规定时间进入实训室，并按实训教师安排进入指定座位（工位），未经同意，不得私自调换。

• 不得穿拖鞋进入实训室，不得携带食物、饮料等进入实训室，不得让无关人员进入实训室，不得在室内喧哗、打闹、随意走动，不得乱摸乱动实训设备。

• 实训开始前认真学习《学生实训学习手册》，明确实训目的、实训步骤、安全操作规程和注意事项等，任课教师要在实训前认真讲解实训内容，演示操作步骤，并强化学生的安全操作意识。

• 学生实训开始前应认真检查本组实训设备状况，如发现缺损、不安全或异常情况，应立即报告任课教师；实训设备经任课教师检查、维修或调整后，须进行安全检验方可使用。

• 实训操作时，学生必须严格按照实训项目的具体步骤和要求进行操作，不得私设实训内容，扩大实训范围，随意操作实训设备等，不得做任何与实训无关的事情。

• 实训学生要爱护实训设备和公共财物，凡在实训过程中损坏实训设备者，应主动说明原因并接受检查，填写报废单或损坏情况报告表；凡因违反操作规程或擅自动用其他仪器设备造成损坏者，由事故人作出书面检查，视情节轻重进行赔偿，并给予批评或处分。

• 实训学生要保持实训室整洁，每次实训后要清理工作场所，做好设备清洁和日常维护工作，经任课教师同意后方可离开。

（二）劳动要求

1. 实训室照明定时开、关，外观整洁，灯具完好。

2. 垃圾放入专用垃圾箱，不得乱丢垃圾或沿途抛洒，垃圾箱固定牢固，周围保持清洁。

3. 工作场所的粉尘、室温、噪声符合国家环境劳动保护的规定；超标的区域应明确标识。

4. 生产管理台账、记录本应完整、清洁、文字工整、摆放整齐，明确标识。实训器材按照登记管理摆放有序。

5. 实训室要及时清扫，达到"五净"（门窗、桌椅、地面、箱柜、墙壁净）、"五整齐"（桌椅、箱柜、桌面用品、上墙图表、柜桌内物品整齐），箱柜顶、底无杂物垃圾；墙壁、地面清洁，无积灰、无蛛网；工作台摆放有序，无乱放设备及零部件，地面无纸屑、痰迹、油泥污迹；地毯、防滑垫定期更换，保持清洁。

（三）活动记录

时间	地点	参加人员	完成工作（照片等资料）

项目四：保持办公室环境卫生

（一）参考资料

办公室卫生要求

• 每天擦拭地面，保持地面干净无尘、无泥、无杂物。

• 办公桌椅放置整齐，无灰尘、无泥浆，每天擦拭。

• 窗台干净整洁无杂物，每天擦拭。

• 每两周擦拭玻璃窗，保持干净、明亮、无灰尘、无乱贴。

• 墙壁洁白、无灰尘、无泥浆、无脚印手印，墙角无蜘蛛网。

• 电器设备（包括电脑、打字机、风扇、电灯等）、电源开关要完整、整洁、整齐。

• 办公桌上办公用品放置整齐、整洁、无灰尘。

• 废纸篓有套袋，经常清倒。

• 保险箱、档案柜、书架放置整齐整洁，无灰尘。

• 取暖设备等每天擦拭一次，保持干净无尘。

（二）劳动要求

1. 地面无污垢、纸屑等。地毯上无水迹，无明显泥尘。

2. 办公室桌椅干净整洁，桌椅无尘垢，无涂、画、刻痕。

3. 办公室垃圾筐摆放到位（不可放在显眼处），超过半桶必须倒掉，不可有溢满的现象。

（三）活动记录

时间	地点	参加人员	完成工作 （照片等资料）

二、认真参加实训实习项目

项目五：园林实验实训

（一）参考资料

1. 修剪草坪

（1）草坪修剪的原则

遵循草坪修剪剪去 1/3 的原则要求：每次修剪量不能超过茎叶组织纵向总高度的 1/3，也不能伤害根茎，否则会因地上茎叶生长与地下根系生长不平衡而影响草坪草的正常生长。

（2）修剪高度

修剪高度（留茬高度）是修剪后地上枝条的垂直高度。修剪低矮的草坪看起来漂亮，但不抗环境胁迫，多病，对细致的栽培管理依赖性强。草坪草修剪得越低，草坪根系分布越浅，浅的根系需要强化水分管理和施肥，以弥补植物对土壤水分与养分吸收能力的降低。大量的较小蘗枝之间竞争胁迫也大，也不耐其他方面的维护。

2. 学做插花

（1）尽量选择当季花卉（图 6-2-1）

春季：可以选择水仙花、牡丹花、郁金香、香豌豆花、风信子、银莲花、丁香花、飞燕草以及波罗尼花。

夏季：可以选择百合花、非洲菊、太阳花、金鱼草、八仙花、小苍兰、薰衣草、勿忘草、北爱尔兰风铃草、菊花以及夜来香。

图 6-2-1　选择当季花卉

秋季：可以选择大丽花、万寿菊、百日菊、星辰花以及紫苑草。

冬季：可以选择一品红、圣诞星、星之扉百合花、茉莉、冬青树、大波斯菊和孤挺花。

常年：可以选择兰花、栀子花、玫瑰花、山谷百合、满天星、帝王花、兰盆花、石楠花、剑兰、桉树以及浪漫海芋。

（2）准备一个容器（图 6-2-2）

容器决定着插花的造型。

在一定程度上，长条形的、细长形的、喇叭形的花瓶适合长条形的花卉，如百合和香鸢尾；短些的花瓶比较适合头大、茎短的花卉，如玫瑰和菊花。

将超出标准的花瓶作为插花容器的时候，它可以让你尽情发挥想象力。如用鸡蛋杯、香槟酒瓶、宽边碗、旧靴子、伞架、茶杯或者烛台作为容器。

图 6-2-2　准备一个容器

插花之前，收集那些易得的材料是很重要的事情——这将让插花进程更具效率。准备什么材料取决于插花的类型，你可能需要以下部分或全部材料：

干净的容器（用来装花卉，主要取决于花卉的数量和大小）。花卉泡沫或花卉饰扣（将花卉放在开口容器里）。花带或者橡胶带（将花卉系起来，尤其用高瓶或者窄瓶放插花的时候）。锋利的刀或者花卉剪（修剪花卉的茎干）。防腐液（通常用在新鲜的花卉上）。

（3）制作插花

第一，插入较大的、主要的花卉。

当你着手插花的时候，首先插入最大的、最主要的花卉。在此阶段，最好插入同一种类的花卉，而不是刚插上了这一支接着又插另一种不同类型的花卉。用这种方法，你可以更加平衡地安排花的品种、形状、颜色和层次。将花卉围成一圈，把花卉沿着容器边沿摆放。

如果你使用的是花卉泡沫，那么花卉的根茎应该很容易就插进去。可以将根茎削尖，进而将泡沫刺破，并将花卉插进去——千万要注意：泡沫空洞不要太大（直径不要宽于根茎），否则花卉很难固定住。

第二，对花卉进行分层（图 6-2-3）。

第一圈的插花完成后，插入其他各种各样的花卉。插这圈花卉的时候，将其摆放在内圈，让这圈花的根茎稍稍长于外面的花朵，创造出一个半球形的效果。当插花完成的时候，花卉看起来就像盛开在山顶一样。以这种方式继续对插花进行分层，一个品种一个品种地插，同时根据花的大小和数量进行合理安排。

第三，每一层使用的花朵的数量应当是奇数（图 6-2-4）。

插花的一个主要规则就是：每种花卉的数量应该是奇数。例如，可以在外圈安插 7 朵红玫瑰，在内圈安插 5 朵白玫瑰，然后用 3 朵满天星作为点缀，这让插花看起来更加有机和谐。

图 6-2-3 对花卉进行分层

图 6-2-4 每种花卉数量是奇数

第四，注意高度和宽度（图 6-2-5）。

插花的时候，花卉的高度和宽度也是需要考虑的因素。一般的规则是：在高度方面，插花的高度应当是花瓶（容器）高度的 1.5 倍；在宽度方面，并没有一个明确的规则，但宽度与高度要保持协调。插花时，要不断地旋转容器，以确保高度和宽度能够协调。

第五，添加绿叶、浆果或者其他装饰品（图 6-2-6）。

当你插入所有你所喜爱的花朵之后，可以在里面插入绿叶、浆果或者其他装饰品。这不仅可以增强插花的纹理，提高插花的生动性，而且还有助于花朵之间的独立性，促进空气流通，从而使花朵保鲜时间更长。使用填充材料能让插花数量看上去比实际的数量多。

注意事项：插花作品要避免阳光直射，远离高温，远离水果，并将花粉雄蕊从花朵里移除，这样可以保存更久。

（二）劳动要求

1.校园的花草、树木、草坪等定期进行修剪、补栽，养护良好，草坪整洁、无杂物。

图 6-2-5 注意高度和宽度

图 6-2-6 添加其他绿叶

2. 不得随意从草坪中穿越，进行爱护校园花草宣讲活动。

3. 完成一件插花作品。

（三）活动记录

时间	地点	参加人员	完成工作 （照片等资料）

项目六：参加创新创业活动

（一）参考资料

中国"互联网"大学生创新创业大赛

中国"互联网+"大学生创新创业大赛，由教育部与政府、各高校共同主办。大赛旨在深化高等教育综合改革，激发大学生的创造力，培养造就"大众创业、万众创新"的主力军；推动赛事成果转化，促进"互联网+"新业态形成，服务经济提质增效升级；以创新引领创业、创业带动就业，推动高校毕业生更高质量创业就业。

历届回顾

第一届

以"'互联网+'成就梦想，创新创业开辟未来"为主题，在吉林大学成功举办，参赛项目主要包括"互联网+"传统产业、"互联网+"新业态、"互联网+"公共服务和"互联网+"技术支撑平台四种类型。首届"互联网+"大赛采用校级初赛、省级复赛、全国总决赛三级赛制。在校级初赛、省级复赛基础上，按照组委会配额择优遴选项目进入全国决赛。全国共产生300个团队入围全国总决赛，其中创意组100个团队，实践组200个团队。大赛共吸引了31个省份及新疆生产建设兵团1878所高校的57253支团队报名参加，提交项目作品36508个，参与学生超过20万人，带动全国上百万大学生投入创新创业活动。

冠军项目：哈尔滨工程大学项目"点触云安全系统"。

第二届

第二届中国"互联网+"大学生创新创业大赛由教育部、中央网络安全和信息化领导小组办公室、国家发展和改革委员会、工业和信息化部、人力资源和社会保障部、国家知识产权局、中国科学院、中国工程院、共青团中央和湖北省人民政府共同主办，总决赛由华中科技大学承办。本届大赛主题为"拥抱'互联网+'时代，共筑创新创业梦想"。大赛自2016年3月启动，吸引了全国2110所高校参与，占全国普通高校总数的81%，报名项目数近12万个，参与学生超过55万人。

冠军项目：西北工业大学"翱翔系列微小卫星"。

第三届

2017年3月27日，教育部在西安电子科技大学举行新闻发布会宣布，第三届中国"互联网+"大学生创新创业大赛已正式启动，与往届相较，本届比赛增加了参赛项目类型，鼓励师生共创。大赛由教育部、中央网络安全和信息化领导小组办公室、国家发展和改革委员会、工业和信息化部、人力资源和社会保障部、国家知识产权局、中国科学院、中国工程院、共青团中央和陕西省人民政府共同主办，西安电子科技大学承办。教育部部长、陕西省领导担任大赛组委会主任，各主办单位相关司局负责同志是组委会的成员。本届主题为"搏击'互联网+'新时代，壮大创新创业主力军"。

冠军项目：浙江大学杭州光珀智能科技有限公司研发的一代固态面阵激光雷达。

第四届

第四届中国"互联网+"大学生创新创业大赛由教育部、中央网络安全和信息化领导小组办公室、国家发展和改革委员会、工业和信息化部、人力资源社会保障部、环境保护部、农业部、国家知识产权局、国务院侨务办公室、中国科学院、中国工程院、国务院扶贫开发领导小组办公室、共青团中央和福建省人民政府共同主办，厦门大学承办。以"勇立时代潮头敢闯会创，扎根中国大地书写人生华章"为主题，于2018年3月29日在厦门全面启动。第四届中国"互联网+"大学生创新创业大赛总决赛2018年10月13日开赛。

冠军项目：北京理工大学"中云智车——未来商用无人车行业定义者"项目。

第五届

2019年6月13日，第五届中国"互联网+"大学生创新创业大赛在浙江正式启动，本届大赛由教育部、中央统战部、中央网络安全和信息化委员会办公室、国家发展和改革委员会、工业和信息化部、人力资源和社会保障部、农业农村部、中国科学院、中国工程院、国家知识产权局、国务院扶贫开发领导小组办公室、共青团中央和浙江省人民政府共同主办，浙江大学和杭州市人民政府承办。大赛自 2015 年创办以来，累计有 490 万名大学生、119 万个团队参赛，覆盖了 51 个国家和地区。第五届中国"互联网 +"大学生创新创业大赛共有来自全球五大洲 124 个国家和地区的 457 万名大学生、109 万个团队报名参赛，参赛项目和学生数接近前四届大赛的总和。

冠军项目：清华大学交叉双旋翼复合推力尾桨无人直升机。

第六届

2020 年 11 月 17—20 日，第六届中国国际"互联网 +"大学生创新创业大赛在广东华南理工大学举行，大赛以"我敢闯、我会创"为主题，积极克服新冠肺炎疫情的不利影响，打造了一场汇聚世界"双创"青年同场竞技、相互促进、人文交流的国际盛会。本届大赛由教育部、中央统战部、中央网络安全和信息化委员会办公室、国家发展和改革委员会、工业和信息化部、人力资源和社会保障部、农业农村部、中国科学院、中国工程院、国家知识产权局、国务院扶贫开发领导小组办公室、共青团中央和广东省人民政府共同主办，华南理工大学、广州市人民政府和深圳市人民政府承办。

报名参赛项目与报名人数再创新高，内地共有 2988 所学校的 147 万个项目、630 万人报名参赛；包括内地本科院校 1241 所、科研院所 43 所、高职院校 1130 所、中职院校 574 所。较之 2019 年，参赛项目与人数均增长 25%，红旅赛道项目数增幅 54%。中国港澳台地区报名参赛项目已超过 2019 年的总数，达到 256 个。

来自北京理工大学的"星网测通"项目获得本届大赛冠军，来自清华大学的"高能效工业边缘 AI 芯片及应用"等 2 个项目获得亚军，来自俄罗斯莫斯科航空学院的"JetPack MAI"等 3 个项目获得季军；宁波大学"甬乌水产——全球唯一规模化乌贼苗种供应商"项目获得最佳带动就业奖，华南理工大学"大隐科技——四维隐身吸波蜂窝开创者"项目获得最佳创意奖，同济大学"同驭汽车——线控制动系统行业领导者"项目获得最具商业价值奖。此外，大赛共产生金奖 159 项，其中高教主赛道 110 项，职教赛道 25 项，青年红色筑梦之旅赛道 24 项。萌芽板块共产生创新创业潜力奖 20 项。

奖项设置

高教主赛道：根据以往赛项，中国大陆参赛项目设金奖 50 个、银奖 100 个、铜奖 450 个，中国港澳台地区参赛项目设金奖 5 个、银奖 15 个、铜奖另定，国际参赛项目设金奖 40 个，银奖 60 个，铜奖 300 个。另设最佳带动就业奖、最佳创意奖、最具商业价值奖、最具人气奖各 1 个；设高校集体奖 20 个、省市优秀组织奖 10 个（与职教赛道合并计算）和优秀创新创业导师若干名。

青年红色筑梦之旅赛道：设金奖 15 个、银奖 45 个、铜奖 140 个。设"乡村振兴奖""社区治理奖""逐梦小康奖"等单项奖若干。设"青年红色筑梦之旅"高校集体奖 20 个、省市优秀组织奖 8 个和优秀创新创业导师若干名。

职教赛道：设金奖 15 个、银奖 45 个、铜奖 140 个。设院校集体奖 20 个、省市优秀组织奖 10 个（与高教主赛道合并计算），优秀创新创业导师若干名。

萌芽赛道：设创新潜力奖 20 个和单项奖若干个。

（二）劳动要求

撰写一份创业计划书。

（三）作业要求

提交创业计划书。

项目七：扎实准备各类技能竞赛

（一）参考资料

全国职业院校技能大赛官网（图 6-2-7）

图 6-2-7　全国职业院校技能大赛官网

（二）全国职业院校技能大赛章程

为贯彻落实习近平新时代中国特色社会主义思想和党的十九大精神，完善职业教育和培训体系，加强全国职业院校技能大赛规范化建设，提高制度化水平，特制定本章程。

第一章　总则

第一条　全国职业院校技能大赛（简称"大赛"）是教育部发起并牵头，联合国务院有关部门以及有关行业、人民团体、学术团体和地方共同举办的一项公益性、全国性职业院校学生综合技能竞赛活动。每年举办一届。

第二条　大赛是职业院校教育教学活动的一种重要形式和有效延伸，是提升技术技能人才培养质量的重要抓手。大赛以提升职业院校学生技能水平、培育工匠精神为宗旨，以促进职业教育专业建设和教学改革、提高教育教学质量为导向，面向职业院校在校学生，基本覆盖职业院校主要专业群，是对接产业需求、反映国家职业教育教学水平的学生技能赛事。

第三条　大赛坚持德技并修、工学结合，深化产教融合、校企合作，弘扬劳动光荣、技能宝贵、创造伟大的时代风尚，推动人人皆可成才、人人尽展其才的局面形成，引导社会了解、支持和参与职业教育。

第四条　大赛坚持以赛促教、以赛促学、以赛促改，坚持政府主导、行业指导、企业参与，坚持联合办赛、开放办赛，坚持办出特色、办出水平、办出影响。大赛分设中等职业学校（简称"中职"）和高等职业院校（简称"高职"）两个组别，以校级赛、省（地市）级赛两级选拔的方式确定参赛选手。大赛采用主赛区和分赛区制，天津市是大赛的主赛区。

第五条　大赛的内容设计围绕专业教学标准和真实工作的过程、任务与要求，重点考查选手的职业素养、实践动手能力、规范操作程度、精细工作质量、创新创意水平、工作组织能力和团队合作精神。

第六条　大赛经费来自各级政府为举办大赛投入的财政资金、比赛项目（简称"赛项"）承办单位自筹资金和按规定取得的社会捐赠资金等。

第二章　组织机构

第七条　大赛设立全国职业院校技能大赛组织委员会（简称"大赛组委会"）。大赛组委会是大赛的最高领导决策机构，由联办单位有关领导同志组成。大赛组委会设主任、委员若干名。大赛组委会任期一届5年，委员可以连任。

第八条　大赛组委会主要职责包括：

1. 确定大赛定位、办赛原则及组织形式。

2. 顶层设计大赛制度安排。

3. 审定赛事规划。

4. 审定大赛设赛范围及实施方案。

5. 发布年度赛事公告。

6. 指导开展大赛。

7. 审定发布大赛最终成绩等。

第九条　大赛组委会设秘书处，负责大赛组委会日常事务。大赛组委会秘书处设在教育部职业教育与成人教育司。秘书处设秘书长一名。

第十条　大赛设立全国职业院校技能大赛执行委员会（简称"大赛执委会"）。大赛执委会由联办单位代表、分赛区执委会主任、赛项专家组组长等组成，在大赛组委会领导下开展工作，负责具体赛事组织与管理。大赛执委会设主任、副主任、委员若干名。大赛执委会任期与大赛组委会一致，委员可以连任。

第十一条　大赛执委会主要职责包括：

1. 制定赛事管理制度。

2. 制定分赛区方案。

3. 组织赛项申报与遴选。

4. 审定赛项规程。

5. 审定赛项组织机构，审核赛项执委会、专家、裁判、监督、仲裁人员资格及确定具体人员。

6. 负责部本资金和社会捐赠货币资金的使用并按规定做好监管和绩效考核等工作。

7. 统筹大赛同期活动。

8. 监督各赛区汇总比赛相关资料，并存档备案。

9. 聘请法律顾问，对赛事规则、程序、经费管理等进行合法性审查，负责处理相关法律事务。

10. 做好大赛年度总结。

第十二条　大赛执委会设办公室，负责大赛日常管理。大赛执委会办公室设在教育部职业技术教育中心研究所。办公室设主任一名。

第十三条　大赛执委会设经费管理委员会，负责对执委会办公室提交的赛事公共运转支出预（决）算和具体赛项补助经费预（决）算提出审核意见，供执委会决策参考。

经费管理委员会设主任一名，委员若干名。经费管理委员会任期与大赛执委会一致。

第十四条　大赛组委会秘书处每年对大赛组委会、执委会和经费管理委员会成员名单重新核实、更新、确定一次，结果与年度大赛通知一并发布。

第十五条　大赛分赛区指主赛区以外承办赛项的省（区、市）或计划单列市。省级教育行政部门可根据自身条件和承办意愿，向大赛执委会提出赛项承办申请。大赛分赛区每年确定一次。计划单列市、新疆生产建设兵团只能以分赛区名义申请承办中职组比赛。

第十六条　大赛分赛区设组织委员会（简称"分赛区组委会"）。分赛区组委会是各分赛区赛事组织的领导决策机构，负责监督分赛区承办赛项的各项工作及经费使用。分赛区组委会设主任一名，原则上由承办地分管教育的副省级（计划单列市可为副市级）领导担任。

第十七条　大赛分赛区设执行委员会（简称"分赛区执委会"）。分赛区执委会在分赛区组委会领导下开展工作，负责本分赛区的具体赛事组织。分赛区执委会设主任一名。

第十八条　分赛区执委会主要职责包括：

1. 落实申办承诺，组织协调本分赛区承办赛项的筹备工作。

2. 协调赛场所在地人民政府、赛项执行委员会（简称"赛项执委会"）和承办院校落实赛场、赛务以及安全保障工作。

3. 按规定负责本分赛区承办赛项经费的使用与管理，委托会计师事务所进行赛项经费收支审计。

4. 负责宣传方案设计。

5. 做好本分赛区的比赛资料汇总工作。

6. 落实大赛执委会安排的其他工作。

第十九条　大赛各赛项设赛项执委会。赛项执委会在大赛执委会领导下开展工作，并接受赛项所在分赛区执委会的协调和指导。各赛项组织机构须经大赛执委会核准后成立。

第二十条　赛项执委会主要职责包括：

1. 全面负责本赛项的筹备和实施工作。

2. 编制赛项经费预（决）算，监督赛项预算执行以及经费的使用与管理。

3. 向大赛执委会推荐赛项专家工作组成员、裁判和仲裁人员。

4. 赛项展示体验和宣传工作。

5. 统筹赛事安全保障工作。

6. 统筹实施赛项资源转化工作。

7. 做好赛项年度总结。

8. 落实分赛区执委会安排的其他工作。

第二十一条 赛项执委会下设赛项专家工作组。赛项专家工作组在赛项执委会领导下开展工作。赛项专家工作组主要职责包括：赛项技术文件编撰、赛题设计、赛场设计、赛事咨询、竞赛成绩分析和技术点评、资源转化、裁判人员培训等竞赛技术工作。

第二十二条 大赛赛项主要由职业院校承办。赛项承办院校在分赛区执委会和赛项执委会领导下开展工作，负责赛项的具体实施和保障。

第二十三条 赛项承办院校遴选原则是：

1. 主赛区优先，同等条件下向中西部地区和民族地区倾斜。

2. 院校优势专业及当地优势产业与赛项内容相关度高。

3. 分赛区中，同一院校同一届大赛承办赛项不超过 2 个；新承办比赛的院校当届大赛承办赛项不超过 1 个。

4. 分赛区中，同一院校承办同一赛项连续不超过 2 届。优先考虑承办院校第二年对同一赛项的承办申请。

第二十四条 赛项承办院校主要职责包括：

1. 按照赛项技术方案落实比赛场地以及基础设施。

2. 配合赛项执委会做好比赛的组织、接待工作。

3. 配合分赛区执委会做好比赛的宣传工作。

4. 维持赛场秩序，保障赛事安全。

5. 参与赛项经费预算编制和管理，执行赛项预算支出。

6. 比赛过程文件存档和赛后资料上报等。

第三章 赛项设置

第二十五条 每 5 年制定一次大赛执行规划，规划以后 5 年的赛项设置方向和大赛发展重点。大赛年度赛项以大赛执行规划为依据，每年遴选确定一次。

第二十六条 大赛赛项设置须对应职业院校主要专业群，对接产业需求、行业标准和企业主流技术水平。大赛赛项分为常规赛项和行业特色赛项两类。中职组赛项和高职组赛项数量大体相当。

第二十七条 常规赛项指面向的专业全国布点较多、产业行业需求较大、比赛内容成熟、比赛用设备相对稳定、适当兼顾专业大类平衡的赛项；行业特色赛项指面向的专业对国家基础性、战略性产业起重要支持作用，行业特色突出、全国布点较少，由大赛组委会根据需要核准委托行业设计实施，大赛统一管理的赛项。

第二十八条　中职赛项设计突出岗位针对性；高职赛项设计注重考查选手的综合技术应用能力与水平及团队合作能力，除岗位针对性极强的专业外，不做单一技能测试。比赛形式鼓励团体赛，可根据需要设置个人赛。

第二十九条　赛项申报单位主要包括：

1. 全国行业职业教育教学指导委员会。

2. 教育部职业院校教学（教育）指导委员会。

3. 全国性行业学会（协会）。

4. 其他全国性的职业教育学术组织。

第三十条　赛项申报与遴选基本流程：

1. 大赛执委会发布赛项征集通知。

2. 申报单位成立赛项申报工作专家组，编制赛项方案申报书，提交大赛执委会办公室。

3. 大赛执委会对申报赛项开展材料有效性核定，组织赛项初审、专家评议、答辩评审和综合评议，形成拟设年度赛项建议。

4. 大赛组委会核准确定年度赛项。

5. 大赛执委会组织征集和遴选合作企业、承办院校，形成年度赛项合作企业和承办院校建议名单。

6. 大赛组委会秘书处核准确定年度赛项合作企业和承办院校。

第四章　参赛规则与奖项设置

第三十一条　省级教育行政部门负责分别组队参加中、高职组的比赛，计划单列市只可以单独组队参加中职组比赛。团体赛不跨校组队，同一学校相同项目报名参赛队不超过 1 支；个人赛同一学校相同项目报名参赛不超过 2 人。团体赛和个人赛参赛选手均可配指导教师。

第三十二条　高职选手应为普通高等学校全日制在籍高职学生，比赛当年一般不超过 25 周岁。中职选手应为中等职业学校全日制在籍学生，比赛当年一般不超过 21 周岁。五年制高职一、二、三年级学生参加中职组比赛，四、五年级学生参加高职组比赛。往届大赛获得过一等奖的学生不再参加同一项目相同组别的比赛。超出年龄的报名选手，须经赛项组委会专门确认其全日制在籍学生身份，并在赛前一个月报大赛执委会批准。

第三十三条 大赛不向参赛选手和学校收取参赛费用。

第三十四条 大赛面向参赛选手设立奖励，对做出突出贡献的专家、裁判员、监督员、仲裁员、工作人员、合作企业、承办院校及获奖选手（个人赛）或参赛队（团体赛）指导教师颁发写实性证书。比赛以赛项实际参赛队（团体赛）或参赛选手（个人赛）总数为基数设团体赛或个人赛一、二、三等奖，获奖比例分别控制在 10%、20%、30%；涉及专业布点数过少的行业特色赛项的设奖比例由大赛执委会根据常规赛项相应情况适当核减。各赛区和赛项不得以技能大赛名义另外设奖。大赛不进行省市总成绩排名。

第三十五条 大赛组委会每年向各赛区组委会授分赛区旗，年度赛事结束后收回。连续承办 5 年比赛的分赛区，可永久保留。

第五章 宣传与资源转化

第三十六条 大赛设官方网站，并通过各类媒体深入开展多种形式的宣传推广。提升大赛管理的信息化水平。

第三十七条 大赛坚持加强与其他国际及区域性学生技能比赛的联系，建立交流渠道，促进相互了解，探索合作方式；及时借鉴国（境）外先进成熟赛事的标准、规范、经验；探索邀请国（境）外学校组队参赛的机制。

第三十八条 大赛坚持资源转化与赛项筹办统筹设计、协调实施、相互驱动，将竞赛内容转化为教学资源，推动大赛成果在专业教学领域的推广和应用。

第六章 规范廉洁办赛

第三十九条 大赛坚持公平、公正、安全、有序。公开遴选赛项、承办单位，根据赛项方案公开征集合作企业，公开遴聘专家、裁判。赛前公开赛项规程、赛题或题库、比赛时间、比赛方式、比赛规则、比赛环境、技术规范、技术平台、评分标准等内容。公开申诉程序，建立畅通的申诉渠道。

第四十条 大赛坚持规范赛项设备与设施管理，规范赛项规程编制，规范专家和裁判管理，规范赛题管理。实施赛项监督与仲裁制度。

第四十一条 大赛结束后公示和公开发布获奖名单。公示期内，大赛组委会秘书处接受实名书面形式投诉或异议反映，不接受匿名投诉。大赛组委会保护实名投诉人的合法权益。

第四十二条 大赛坚持规范经费的筹集、使用和管理，加强大赛经费管理，按相关规定严格执行捐赠、拨付、使用及审计等程序。

第四十三条 严格执行大赛纪律。严禁铺张浪费，严格执行用餐、住宿、交通规定。严格贯彻落实中央八项规定精神、执行六项禁令和中纪委九个严禁要求。

第七章 附则

第四十四条 大赛执委会应健全议事制度，依据本章程制定和公布大赛有关工作的具体规定、规则、办法、标准等规范性文件，严格遵守大赛经费管理办法。各赛区、赛项均要制定经费管理细则，并针对实施中新发现的问题适时修订。

第四十五条 本章程的修订工作由大赛组委会秘书处根据需要启动和组织，修订内容须经组委会成员单位三分之二以上同意。

第四十六条 本章程自发布之日起生效，由大赛组委会秘书处负责解释。

（三）劳动要求

参加至少一次校级以上技能竞赛。

（四）作业提交

提交作品以及相关的资料。

第七章
服务性劳动

劳动者素质对一个国家、一个民族的发展至关重要。当今世界，综合国力的竞争归根到底是人才的竞争、劳动者素质的竞争。要适应新一轮科技革命和产业变革的需要，密切关注行业、产业前沿知识和技术进展，勤学苦练、深入钻研，不断提高技术技能水平，激励更多劳动者特别是青年人走技能成才、技能报国之路，培养更多高技能人才和大国工匠。

知识导览

服务性劳动指在从事服务生产和经营活动过程中，劳动者运用特定的设备和工具，直接满足消费者对服务产品的需要的劳动。服务性劳动有广义和狭义两种概念。广义的服务性劳动，把社会的分工与协作都看成彼此提供服务。狭义的服务性劳动，同农业劳动、工业劳动和商业劳动等专业劳动相并列，是社会分工的产物。

二维码 7-1-1　什么是服务性劳动？

第一节　"我"身边的服务性劳动

劳动者以其创造的效用直接满足消费者的需要是服务性劳动的显著特点。相对物质生产劳动而言，服务性劳动不是人与自然之间的一种物质交换过程，而是通过有偿提供服务来满足人们某种需要的一种活动。

随着社会经济的发展，服务性劳动在社会劳动总量中所占的比重逐渐增大。这要求人们必须重视服务性劳动，并正确对待服务性劳动的成果。服务性劳动不仅与生产劳动、日常生活劳动共同发挥着引导学生树立正确劳动观念、提升劳动技能的作用，还因其具有浓厚的服务性、公益性、助人性、教育性等特征，发挥着巨大的思想教育作用，是学校思想政治工作的重要形式。

一、服务性劳动

服务性劳动是利用知识、技能、工具、设备等，为他人和社会提供服务，以增进国家和社会公共领域和个人福祉为目的的活动，它具有明显的公益性和利他性特点。在服务性劳动过程中，劳动者通过帮助他人、服务集体，强化社会责任感，培育服务意识，提升社会公德。服务性劳动具有以下特点：

第一，服务性劳动主要不是体现于物，而是直接作用于人的活动。正如马克思所说，一般说来，服务也不外是这样一个用语，用以表示劳动所提供的特别使用价值和每个其他商品都提供自己的特别使用价值一样。但它成了劳动的特别使用价值的特有名称，因为主要不是在一个物品的形式上，而是在一个活动的形式上提供服务。

第二，服务性劳动对劳动本身的依赖性更强。创造物质产品的劳动过程，是劳动和生产资料共同发挥作用的过程，尤其是在现代物质生产劳动领域，机器可以排挤劳动，生产的机械化、自动化程度越高，资本有机构成越高，就越有利于物质财富的增加。而服务性劳动主要依靠劳动力本身的作用，依靠劳动者的劳动技巧和思维能力。

第三，服务性劳动与消费者对它的消费过程具有时间上的一致性，在商品经济条件下，物质产品的劳动过程对该过程生产出的物质产品的消费过程，不仅是相分离的，而且二者的完全实现首先要经过交换、分配两大中间环节。而服务性劳动则可以直接满足消费者的消费要求。

二、服务性劳动的分类

一般意义上，服务性劳动按劳动的类型可以分为：

1. 商业服务，指在商业活动中涉及的服务交换活动，包括专业服务、计算机及其有关服务、研究与开发服务、房地产服务、无经纪人介入的租赁服务及其他的商业服务，如广告服务等。

2. 通信服务，包括邮政服务、快件服务、电信服务、视听服务。

3. 建筑及有关工程服务，包括建筑物的一般建筑工作、安装与装配工作、建筑物的完善与装饰工作等。

4. 销售服务，包括代理机构的服务、批发贸易服务、零售服务、特约代理服务及其他销售服务。

5. 金融服务，包括保险及与保险有关的服务、银行及其他金融服务（保险除外）。

6. 与旅游有关的服务，包括宾馆与饭店、旅行社及旅游经纪人服务社、导游服务等。

7. 娱乐、文化与体育服务，包括娱乐服务、新闻机构的服务、图书馆、档案馆、博物馆及其他文化服务、体育及其他娱乐服务。

第二节　积极参加服务性劳动

劳动是一切价值的源泉，人类劳动是社会生活的基础，也是社会历史发展的决定性因素。中国从积贫积弱的旧中国发展成为世界第二大经济体，是我国劳动者共同努力的结果。

服务性劳动是个人与社会、与国家共同发展的行业，也能够创造出生生不息的巨大价值。首先，劳动对于劳动者自身具有重要意义，不仅是个人维持生存的手段，也是提高精神境界、实现自身价值的重要途径。其次，从劳动者与社会的关系角度而言，劳动也是连接个人与他人、与社会的重要纽带，是个人奉献和服务社会的过程。最后，在第二个百年奋斗目标的新征程上，劳动者要通过诚实劳动自觉地把个人前途和国家命运紧密地结合起来，在服务和贡献国家中实现自身的价值。

一、志愿服务活动

（一）国家层面志愿服务：大学生志愿服务西部计划（图7-2-1）

图7-2-1 大学生西部志愿服务网站

大学生志愿服务西部计划项目介绍①

2003年，团中央、教育部、财政部、人力资源社会保障部根据国务院常务会议和全国高校毕业生就业工作会议精神，联合实施大学生志愿服务西部计划，招募一定数量的普通高等学校应届毕业生或在读研究生，到西部基层开展为期1~3年的志愿服务工作，鼓励志愿者服务期满后扎根当地就业创业。

西部计划按照服务内容分为基础教育、服务"三农"、医疗卫生、基层青年工作、基层社会管理、服务新疆、服务西藏7个专项。西部计划2018年实施规模为18300人，其中包括2100多名中国青年志愿者扶贫接力计划研究生支教团成员。

---

① 来源：中国青年网。

西部计划实施 15 年来，已累计选派 27 万余名大学生志愿者到中西部 22 个省区市及新疆生产建设兵团的 2100 多个县市区旗基层服务。西部计划实施以来，综合成效明显。作为实践育人工程，引导具有理想主义情怀的青年人，通过火热的西部基层实践进一步坚定理想信念，锤炼意志品格，升华志愿情怀；作为就业促进工程，引导和帮助高校毕业生树立正确的就业观，并为他们搭建到西部去、到基层去、到祖国和人民最需要的地方去干事创业的通道和平台；作为人才流动工程，鼓励和引导东、中部大学生到西部基层工作生活，促进优秀人才的区域流动；作为助力扶贫工程，以西部计划志愿者为载体推动校地共建，引导高校资源参与到当地的脱贫攻坚工作中。

西部计划是国家重大人才工程"高校毕业生基层培养计划"的子项目，是引导和鼓励高校毕业生到基层工作的 5 个专项之一。党中央、国务院高度关心西部计划志愿者，高度重视西部计划和研究生支教团工作。习近平总书记曾多次作出批示或给志愿者回信，肯定志愿者们在西部地区辛勤耕耘、默默奉献，为当地经济社会发展、民族团结进步做出了贡献，勉励越来越多的青年人以志愿者为榜样，到基层和人民中去建功立业，让青春之花绽放在祖国最需要的地方，在实现中国梦的伟大实践中书写别样精彩的人生。

案例：志愿者小张：扎根家乡做一块服务乡亲的"砖"①

"到西部去，到基层去，到祖国最需要的地方去！"伴随着新时代的最强音，在 2019 年即将到来的毕业季，党员小张怀着一颗炽热的心，于 5 月积极报名参加了"大学生志愿服务西部计划"项目；同年 8 月，顺利成为一名光荣的西部计划志愿者，服务于贵州省黄平县旧州镇。

扎根家乡的"一块砖"

黄平县旧州镇是小张祖祖辈辈生活、生产的地方，也是养育她的地方。大学毕业后，她希望自己能够像小鸟反哺一样，反哺家乡，回报桑梓。

自参加西部计划项目以来，已有两年多的时间，看到一批批志愿者像走马灯似的来了又走，她的心里虽然很不是滋味，但扎根家乡的心却一直没有动摇过。

---

① 来源：黔东南新闻网，2021–10–19。

什么工作都是从不会到会，她坚定"不能则学，不知则问"的工作态度，像一块海绵，不断吸收、不断成长，每天的工作紧张而充实。到后来，对于收发文、活动组织策划、新媒体宣传、政策宣讲、走访入户、会议后勤等工作，她都是手到擒来。

自党史学习教育活动启动以来，她在做好党建办本职工作的同时，不仅担任镇党史学习教育领导小组简报组成员，还"兼职"红色文化讲解员，为前来"且兰古国"（旧州镇）参观的各个兄弟县（市）讲解红二、六军团长征到黄平的红色历史故事、航空文化以及2300多年的"且兰文化"。她不断传播家乡红色基因，把红色文化、生态文化和古迹文化结合起来，推动现有资源转变为经济资源。

她说，愿意做一块砖，垒到哪里，就在哪里发挥作用，积极履行党员志愿者的神圣职责，为建设美好家乡、靓丽"且兰"贡献自己的力量。

忘我工作的"宣传员"

作为一名青年党员志愿者，小张在工作上从不讲条件。人员少、任务重、事务繁杂，是乡镇工作无法回避也必须克服的困难与挑战。但不管面对什么样的挑战，她都本着对党忠诚、对本职工作负责的态度，敢于担当、勇闯难关。

由于旧州镇党建办人员紧缺，她曾一度在干好党建工作的情况下，还负责着微信公众号"且兰古镇"的管理运营。通过"线上微信公众号"＋"线下宣传讲解"的方式及时把党的各种惠民政策传递给家乡父老，扩大受众范围。

她说："我不仅是一名宣传员，而且还是一名共产党员，不仅要加强自身党性修养，还要自觉承担起举旗帜、聚民心、育新人、兴文化、展形象的使命任务。希望可以尽自己的一点力量，让家乡父老晓得党的方针政策，知道党为我们百姓做了哪些好事。"

"以工作为家"，就是小张做好工作的"法宝"。记不清有多少次没吃晚饭，也记不清讲解了多少次红色文化，更记不清有多少次熬夜写材料……但她还是觉得不够。有时业务繁忙，第二天早上又有红色文化讲解工作，她便顾不上晚饭，拿起《旧州镇志》又开始学习研究起来，只因为了能为来访者提供更多更好的讲解服务，宣传好红色文化、航空文化、且兰文化。

旧州镇党委委员、组织委员、宣传委员杨明告诉笔者，"小张同志，在日常工作中服务态度好，工作积极主动，与同事相处得也不错，工作中配合得非常默契，是个表现不错的青年"。

确实如此，小张用自己的实际行动，书写了青年同志在平凡岗位上的不平凡。就是这样忘我的工作，得到了父老乡亲和党员干部职工们的认可。

乡亲认可的"好青年"

征途漫漫，唯有奋斗。每一项工作成绩的取得都倾注了人们全部的汗水，每一项利民举措的实现都离不开一个个奔走的日夜。自贵州省"新市民·追梦桥"工程实施以来，小张有幸成为黄平县易地搬迁安置点——旧州镇冷水河社区的青年志愿者之一，但工作没有她最初想象的那么简单。

刚做入户调查时，居民们都不认识她、也不配合她的工作，甚至将她拒之门外；一天下来只有少数的群众接受调查，但小张并没气馁，而她坚信用自己的真心必会换来居民的理解。

有一天，她和北区网格员小周开展入户采集信息工作，当敲开某栋1单元一户居民家门时，年近60岁的男主人除了说他姓杨外，就拒绝提供其他任何信息。不管怎么劝说与解释，他都不配合；无奈，小张只好另想办法。通过询问邻居、社区查询搬迁信息，终于采集到了杨先生一家人的信息。

半个月后，新学期开学了，杨先生拿着一张纸急匆匆地来找小张，说他孙女在学校得到教育资助，需要负责片区的网格员签字才行。小张二话没说接过材料，签上了她的大名。

"伯伯，拿去，赶快到学校交给老师，不要把孩子的好事给耽误了。"小张热情地说。

"谢谢,谢谢你'妹崽'！"杨先生不好意思地说："之前没有配合你们的工作是我不对，你不仅不计较，还这样帮我，今后我一定好好配合工作。"小张笑着说："没事，为每一位父老乡亲服务，是我的职责所在。"

青春在家乡熠熠发光

艰难方显勇毅，磨砺始得玉成。小张就是这样一个对工作负责、热心为父老乡亲服务的志愿者，她用实际行动展现了新时代有为青年的良好风貌，不仅在家乡茁壮成长，还让青春在基层一线熠熠发光。

小张由于工作认真负责，在服务家乡两年多的时间里，连续两次（2019—2020年度、2020—2021年度）获得了贵州省西部计划"优秀志愿者"荣誉称号；疫情期间坚守岗位，积极参与疫情防控宣传工作，2020年3月，她荣获共青团贵州省委、贵州志愿者协会颁发的"疫情防控志愿服务"证书；2020年6月，被共青团黄平县委聘为"2020年团县委青年讲师团"成员；2021年6月，荣获黄平县"红色文化讲解员"评选大赛一等奖；2021年7月，荣获旧州镇"优秀共产党员"荣誉称号。

"今后，无论在什么岗位，我都坚守入党初心，艰苦奋斗，认真履职、任劳任怨、勤奋求实，在平凡的岗位上践行为人民服务的宗旨。"小张信心满满地说。

（二）校级志愿服务活动（图7-2-2）

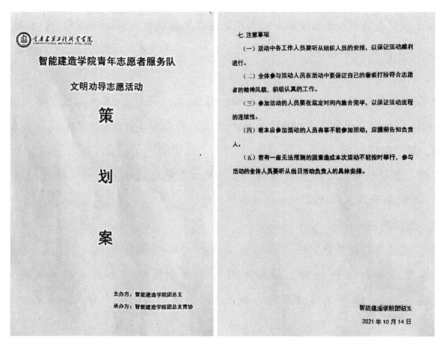

图7-2-2　校级青年志愿服务活动策划书

案例：校级青年志愿服务活动策划方案

为深入贯彻党的十九大精神，推进乡村振兴，全面推动我镇文明乡镇创建工作，进一步弘扬"奉献、友爱、互助、进步"的志愿服务精神，不断推动志愿服务活动科学化、制度化、专业化发展，根据全县学雷锋志愿者服务工作的有关要求，结合我镇实际制定开展志愿服务活动实施方案。

一、指导思想

弘扬"奉献、友爱、互助、进步"的志愿服务精神，为构建和谐社会，推进和谐镇建设作出贡献。

二、活动原则

（一）公益性原则：志愿服务活动是志愿者自愿为群众提供的公益性服务，不收取任何报酬，是出于人文关怀和博大爱心而做出的无私奉献。

（二）实效性原则：志愿服务活动的开展要从志愿者的实际出发，根据自身条件，把志愿者主观愿望与客观实际结合起来，把群众的需求和服务能力结合起来，注重服务质量和效果，实事求是，量力而行。

（三）规范性原则：参加服务队的志愿者要在志愿服务队的统一领导下，有组织、有计划、有步骤、有目标地进行。

三、组织机构

为扎实、有效开展我镇志愿者活动，镇成立领导组。组长1人，副组长1人，成员5人。各村、单位要建立以主要负责人为首的志愿者工作领导小组。

四、活动时间

各村、单位每周五自行开展活动，每月末为全镇志愿服务活动统一行动日，并不定期、不定时地开展各项活动。

五、活动内容

（一）志愿者精神学习宣传

1.各单位通过宣传标语、横幅等形式营造全民学习志愿者精神的气氛。同时，全镇村、各单位利用宣传栏等，加强宣传，大力发动广大学生和群众积极参与活动。

2.全镇上下通过学习和宣传身边好人的典型事迹，组织开展家庭美德、职业道德和社会公德大讨论，激发全镇人民心中蕴藏的美好思想品德，把学习雷锋活动推向高潮。

（二）志愿服务活动内容

1.关爱老人。开展"关爱空巢老人"活动，每位志愿者走访两到三户空巢老人、孤寡老人、困难老人，开展精神慰藉、家政服务、陪同就医、保健指导、娱乐活动。

2.环境整治。组织志愿者对辖区内的小广告、破损的店招店牌、公益广告、垃圾、杂草、卫生死角进行整治清理，并号召大家都来维护小区环境，不要在墙面上乱涂乱画，乱扔垃圾。

3.节假日送爱心。志愿者对困难老人、空巢老人、留守儿童、关爱对象进行节日慰问，关心他们的生活状况，让他们感受节日的气氛。

4.法制、安全警示教育。在全镇范围内开展法制教育、安全教育等讲座，关心未成年人的学习、生活状况，促进他们健康成长。

5.文明劝导。志愿者在重要十字路口开展文明交通劝导，在车站提示大家文明排队上车，文明乘车。

6.结对帮扶。志愿者结合扶贫工作，对贫困家庭进行走访慰问，和他们聊天、谈心，询问他们的生活情况，帮助他们解决困难问题。

7.植树活动。在植树节时组织志愿者开展植树活动，为改善温室效应作贡献，倡导大家保护环境。

8.关爱残疾人。在助残日开展"关爱残疾人"活动，组织他们看电影、帮助他们来到社区图书室看书，理解、关心、尊重残疾人，为他们开展心理咨询、职业指导、就业培训和日常生活照料，使他们对生活充满信心。

六、工作要求

（一）加强领导。各村、单位要把志愿服务活动列入年度精神文明建设工作计划，作为年底评优评先的重要依据，做好宣传，动员党员干部、群众积极参与志愿服务活动。同时，要明确服务内容和重点，确保志愿服务有方向，展示风采有舞台。

（二）做好志愿者日常管理。建立志愿者服务队活动登记和情况反馈制度。志愿者服务队每次服务活动后，要对活动情况进行总结，虚心接受群众的反馈意见，并总结服务开展情况。

（三）营造活动氛围。开展志愿服务活动期间，一是要佩戴志愿者服务队统一标识，高扬志愿服务队队旗，彰显志愿者队伍的整体形象。二是要充分利用各类宣传媒体和宣传途径，大力宣传在志愿者活动中涌现出来的典型事例和先进个人，不断增强干部职工参与的自觉性，扩大我镇志愿者在社会各界的影响力。

（四）加强督查考核，确保任务落实。各单位要按照方案活动的要求，抓好落实。镇将对各单位活动开展的情况，采取全面检查、重点督查、随机抽查等监督考核方式，并将考核结果纳入绩效工资。

（三）劳动要求

撰写一份志愿服务活动计划书，根据计划书组织或者参加一次志愿服务活动。

（四）活动记录

时间	地点	参加人员	活动资料 （照片等资料）

二、寒暑期社会实践活动

在大中学校开展寒暑期社会实践活动是由国家教委、共青团中央和全国学联等部门联合倡导的，主题丰富的大中专学生志愿者文化科技卫生社会实践活动，目的是为进一步发挥社会实践在加强和改进大学生思想政治教育中的积极作用，引导大学生深入基层，了解社会，认识国情，接受教育，增长才干。从社会实践的类型看，主要有以下几种：开展便民服务、绿色生态实践服务、社会调查活动、关爱进城务工人员子女、文艺下乡、教育帮扶、医疗服务、科技支农等内容。

（一）参考案例

案例：借力暑期"三下乡"青年学子助力乡村振兴①

2022年7月11日至7月15日，长江师范学院管理学院"携梦"志愿者服务团26名大学生结合所学专业特色，围绕"红色传承与乡村振兴"主题，赴涪陵区马武镇文观村进行红色支教、乡村振兴与电商销售调研、现代科技与青年担当宣讲、电商直播助农、慰问帮扶与劳作学习等"三下乡"实践活动，助力当地乡村振兴。

实践期间，志愿者服务团开展了"弘中国传统文化，扬华夏博大精深"与"歌唱祖国歌唱党，经典红歌伴成长"两场支教活动。20余名小朋友体验了剪纸、中国结手工过程，歌唱了"团结就是力量""我们是共产主义接班人"等红色歌曲。

志愿者服务团还实地走访调研了重庆××生态农业有限公司、重庆××农业发展有限公司、"古今花海"旅游景区、××农业开发有限公司等当地农业种植大户，详细了解当地政府在乡村振兴与电商销售上的扶持政策、"十四五"时期发展措施等。

根据调研情况，服务团开展了"利用现代科技，推动乡村振兴"与"百年风华茂，奋进新时代"两场主题宣讲，同时，将当地种植的羊肚菌以线上直播的方式销售，帮助当地农产品加强线上线下营销互通。重庆××生态农业有限公司总经理说："这群志愿者的热情给我们这带来了生机，同时也带来了我们应该尝试的新方式，真心希望明年还能看到他们。"

---

① 来源：重庆日报全媒体。

案例：重庆建工学子三下乡‖共筑抗疫长城，领悟抗疫精神①

2019年12月至2021年，从举国抗疫，到内控外防；从一线实践，到疫苗普及；从闭国防疫，到全面复工。在党的坚强领导下我们直面困难，交出了两份完美的答卷：在全球疫情暴发的情况下，率先实现了新冠疫情的全面控制；从抗疫转换至防疫，再到复工复产，进而在建党百年之际交出了我们的答卷——全面小康。重庆市北碚区中医院肿瘤科周主任抗疫经验丰富，不仅给重庆建筑工程职业学院国情观察实践团的成员们详细地进行疫情防控知识讲解和经验分享，作为中共党员更是给同学们上了一堂生动的党员教育课。实践团于2021年7月19日前往重庆市北碚区中医院，开展实地调研学习，对周主任开展学习访问，得到热情接待。活动主要围绕着学习抗疫精神、了解后疫情时代——复工复产、复商复学的防疫精神、基础社区防控在防疫斗争中的决定性作用开展，同学们受益匪浅。

抗疫精神，是在抗击新冠肺炎中形成的众志成城抗击疫情的精神。二十字伟大抗疫精神：生命至上，举国同心，舍生忘死，尊重科学，命运与共。

疫情的暴发是突然的，在面临全新未知的感染性医学疾病下，在党的坚强领导下，全国上下同心抗疫。周主任为我们讲述了本市的防疫一线：在疫情伊始，重庆就面对了较大的防控压力和医疗压力，他本人也在疫情抗战中战在疫情一线，辗转三地，直面病人，本着生命至上的原则，所有病人一人一策、一人一症、一人一方，精准施治。在本次活动中，周主任的讲述让我们对二十字伟大抗疫精神有了新的认知与理解，也深刻体会到了我国在面对疫情时展现出的政策先进性，唯有举国同心，才是面对如此的突发性恶性事件的良策。

出门戴口罩、勤洗手、多通风、注意消毒……疫情发生以来，很多人养成了良好的卫生习惯。后疫情时代，复工复产、复商复学，恢复正常的生活，我们还有什么问题需要注意？周主任就此问题进行了解答。

坚定党对安全工作的集中统一领导。"中国特色社会主义最本质的特征是中国共产党领导，中国特色社会主义制度的最大优势是中国共产党领导。"这次疫情防控的成功经验更有力地证实了我们党应对重大风险挑战的强大能力，也更有力地说明了坚持党对国家安全工作的集中统一领导，是保障国家安全大局的重要法宝。

---

① 来源：重庆建筑工程职业学院团委。

增强个人安全意识。要坚持国家安全一切为了人民、一切依靠人民，动员全党全社会共同努力，汇聚起维护国家安全的强大力量，夯实国家安全的社会基础，防范化解各类安全风险，不断提高人民群众的安全感、幸福感。国家安全非一朝一夕之事，亦非一人一己之力，需要全民共同维护。

在我国疫情防控进入常态化之际，党中央再次肯定城乡广大社区工作者在疫情防控斗争中发挥的重要作用。社区仍然是外防输入、内防反弹的重要防线，关键是要抓好新形势下防控常态化工作。广大社区工作者必须发扬连续作战作风，抓细抓实疫情防控各项工作，用心用情为群众服务，为彻底打赢疫情防控的人民战争、总体战、阻击战再立新功。

2019 年之末到 2021 年之始，在党的指挥领导下我们直面困难，交出了完美的答卷。当代青年大学生们应当不忘过往，传承精神，再创辉煌。

（二）劳动要求

撰写寒暑期社会实践活动计划书，参加一次寒暑期社会实践活动。

（三）活动记录

时间	地点	参加人员	活动资料 （照片等资料）

参考文献

[1] 穆随心.劳动法理论与实践 [M]. 北京：中国政法大学出版社，2016.

[2] 刘建，高金鑫.劳动权益与工伤保险知识 [M]. 北京：中国劳动社会保障出版社，2017.

[3] 法规应用研究中心.中华人民共和国劳动法一本通 [M]. 北京：中国法制出版社，2017.

[4] 徐国庆.劳动教育 [M]. 北京：高等教育出版社，2020.

[5] 王霞.劳动与社会保障法原理与案例 [M]. 北京：法律出版社，2020.

[6] 金正连.劳动教育与素质养成 [M]. 北京：中国人民大学出版社，2020.

[7] 杨松涛，徐洪，杨守国.大学生劳动教育 [M]. 北京：首都师范大学出版社，2021.

[8] 张有武，雷晓燕，姜楠.大学生劳动教育教程 [M]. 长春：吉林大学出版社，2021.

图书在版编目（CIP）数据

劳动教育 / 吴芳，雷晓燕，车延年主编；张博萍等
副主编 . 一北京：中国建筑工业出版社，2022.9（2024.8 重印）
高等职业教育"十四五"通识课系列教材
ISBN 978-7-112-28125-1

Ⅰ.①劳…　Ⅱ.①吴…②雷…③车…④张…　Ⅲ.
①劳动教育—高等职业教育—教材　Ⅳ.① G40-015

中国版本图书馆 CIP 数据核字（2022）第 206961 号

本书为高职院校通识课教材，分 7 章讲解了劳动教育的相关内容，包括绪论、劳动精神、劳动安全与劳动法规、劳动与就业、生活劳动、生产劳动、服务性劳动，作者梳理了各章节的内容框架，并配有多个数字资源供读者学习。

为更好地支持本课程的教学，我们向采用本书作为教材的教师提供教学课件，有需要者请与出版社联系。邮箱：jckj@cabp.com.cn，电话：（010）58337285，建工书院 http://edu.cabplink.com（PC 端）。

责任编辑：杨　虹　尤凯曦
责任校对：党　蕾

高等职业教育"十四五"通识课系列教材
劳动教育
主　编　吴　芳　雷晓燕　车延年
副主编　张博萍　袁涤繁　吴亚坤　刘晓蓉　黄利平　胡晓迪　张　鸿
主　审　管　军
＊
中国建筑工业出版社出版、发行（北京海淀三里河路 9 号）
各地新华书店、建筑书店经销
北京雅盈中佳图文设计公司制版
河北鹏润印刷有限公司印刷
＊
开本：787 毫米 ×1092 毫米　1/16　印张：$11\frac{1}{4}$　字数：213 千字
2024 年 2 月第一版　2024 年 8 月第二次印刷
定价：**48.00** 元（赠教师课件）
ISBN 978-7-112-28125-1
　　　（40166）